J.-B. LAMARCK

DISCOURS D'OUVERTURE

(An VIII, An X, An XI et 1806)

BULLETIN SCIENTIFIQUE
DE LA FRANCE ET DE LA BELGIQUE, T. XL
PARIS, 3, RUE D'ULM (1907)

DISCOURS D'OUVERTURE

(An VIII, An X, An XI et 1806)

J.-B. LAMARCK

DISCOURS D'OUVERTURE

(An VIII, An X, An XI et 1806)

BULLETIN SCIENTIFIQUE
DE LA FRANCE ET DE LA BELGIQUE, T. XL.
PARIS, 3, RUE D'ULM (1907)

LAMARCK, vers 1800.

DISCOURS D'OUVERTURE

DES

COURS DE ZOOLOGIE

DONNÉS DANS LE MUSÉUM D'HISTOIRE NATURELLE

(AN VIII, AN X, AN XI ET 1806)

PAR

J.-B. LAMARCK.

AVANT-PROPOS

On a beaucoup parlé de LAMARCK, depuis quelques années surtout; peut-être parce que certaines idées, comme certaines plantes, exigent pour germer une longue période d'incubation et ne donnent une floraison abondante qu'au moment où des conditions de milieu favorables se sont enfin réalisées ; peut-être aussi un peu par snobisme, car on se passionne facilement en France pour ce qui nous vient ou nous revient de l'étranger : or c'est en Allemagne et en Amérique qu'on a insisté récemment sur la part énorme qui appartient à notre grand naturaliste philosophe dans l'établissement de la théorie de l'évolution.

Parmi ceux qui se réclament du Lamarckisme, bien peu cependant ont lu l'ensemble des ouvrages où sont exposées la doctrine et les idées générales de son fondateur. La plupart se sont contentés de parcourir la *Philosophie zoologique* et l'*Introduction à l'Histoire naturelle des animaux sans vertèbres.* Le reste de l'œuvre, et principalement toute sa partie sociologique, demeure ignorée du plus grand nombre.

A cette ignorance on peut, il est vrai, trouver certaines excuses. La principale est sans doute que plusieurs des publications de LAMARCK sont devenues peu à peu d'une extrême rareté, quelques-unes même absolument introuvables ou inaccessibles.

Aussi, pour apprécier l'influence qu'elles ont exercé sur le développement de la pensée moderne, sommes-nous obligés d'étudier l'empreinte qu'elles ont laissée dans l'esprit des contemporains, de ceux surtout dont les écrits devaient, par leur nature même, avoir une plus large diffusion.

Tels les romanciers dont le plus illustre et le plus agissant au temps qui nous occupe fut certainement HONORÉ DE BALZAC.

Comme conclusion au beau livre qu'il vient de consacrer à l'auteur de la *Comédie humaine*, FERDINAND BRUNETIÈRE s'exprime ainsi :

« Il nous apparaît donc, au terme de cette étude, comme l'un des écrivains qui en France, au XIXe siècle, auront exercé l'action la plus profonde, et, à la distance où nous sommes de lui et de ses contemporains, je n'en vois guère plus de quatre ou cinq dont on puisse dire que l'influence ait rivalisé avec la sienne. Il y a SAINTE-BEUVE, il y a BALZAC, il y VICTOR HUGO ; il y a AUGUSTE COMTE dans un ordre d'idées moins différent qu'on ne le croirait d'abord de celui où s'est développé le génie de BALZAC ; il y a aussi, il doit y avoir deux ou trois savants — GEOFFROY-ST-HILAIRE ou CUVIER, CLAUDE BERNARD ou PASTEUR ? — qu'il ne nous appartient pas de juger et qu'aussi nous ne nommons qu'avec un peu d'hésitation. Les hommes de science nous diront un jour lequel de ces quatre grands hommes, à moins que ce ne soit un cinquième, a opéré dans la conception que nous nous formons du monde, la révolution la plus profonde et la plus étendue. J'hésiterais moins si j'étais Anglais ; — et je nommerais CHARLES DARWIN ! » (1).

Nous sommes Français, et, sans plus hésiter, nous nommerons JEAN-BAPTISTE DE MONET, CHEVALIER DE LAMARCK (2).

---

(1) F. BRUNETIÈRE. Honoré de Balzac. Paris, 1906, pp. 309-310.

(2) Laissons de côté V. HUGO, magnifique virtuose de musique verbale, dont les phrases sonores mais creuses ont pu donner l'illusion d'une profondeur de pensée inexistante. Les autres grands hommes cités par BRUNETIÈRE ont, pour la plupart, reconnu plus ou moins explicitement ce qu'ils devaient à LAMARCK.

SAINTE-BEUVE a commencé, nous dit-il lui-même, par le XVIIIe siècle le plus avancé, par TRACY, DAUNOU, LAMARCK et la physiologie : « *là est*, ajoute-t-il, *mon fond* véritable » (Portraits littéraires, III, p. 545).

AUG. COMTE place LAMARCK dans son calendrier, et, dans le *Cours de Philosophie positive*, il montre la plus haute estime pour le célèbre auteur de la *Philosophie zoologique*. L'influence de LAMARCK sur les hommes de science au début du XIXe siècle est trop évidente pour insister.

Au reste l'influence de LAMARCK sur BALZAC n'a pas échappé à BRUNETIÈRE.

Très justement il rappelle ce passage de l'*Avant-propos de la Comédie humaine* :

« Il n'y a qu'un animal. — Le Créateur ne s'est servi que d'un seul et même patron pour tous les êtres organisés. L'animal est un principe qui prend sa forme extérieure ou, pour parler plus exactement, les différences de sa forme, dans les milieux où il est appelé à se développer. Les espèces zoologiques résultent de ces différences. » (l. c., p. 194).

Puis encore cette application du transformisme aux êtres humains : « La société ne fait-elle pas de l'homme, suivant les milieux où son action se déploie, autant d'hommes différents qu'il y a de variétés en zoologie ? » (l. c., p. 134-135) (1).

Et BRUNETIÈRE ajoute avec quelque exagération :

« Et ceci, on pourrait dire que c'est tout le Lamarckisme ».

C'est en effet une idée lamarckienne, mais ce n'est pas tout le Lamarkisme. Ce n'est même pas tout ce dont BALZAC, romancier, naturaliste et moraliste est redevable à LAMARCK, naturaliste philosophe et parfois un peu romancier.

Dans un ouvrage peu connu, *Système analytique des connaissances positives de l'homme* (2), publié en 1820, LAMARCK développe sur les questions politiques et sociales bien des idées dont on retrouve la trace dans BALZAC.

Telle « la nécessité pour l'homme de se renfermer par sa pensée *dans le cercle des objets que lui présente la nature* et de ne jamais en sortir s'il ne veut s'exposer à tomber dans l'erreur et en subir toutes les conséquences » (3).

Telle encore la notion si importante de la solidarité des intérêts

---

(1) Comme il est facile de s'en convaincre en lisant l'*Avant propos de la Comédie humaine*, l'influence de LAMARCK sur BALZAC s'est exercée surtout par l'intermédiaire d'E. GEOFFROY-ST-HILAIRE, avec lequel BALZAC était en relations directes, et qui avait lui-même une vive admiration, manifestée dans ses écrits, pour l'auteur de la *Philosophie zoologique*.

(2) Le titre complet est : *Système analytique des connaissances positives de l'homme restreintes à celles qui proviennent directement ou indirectement de l'observation*. Paris (Belin), 1820, in-8°, 362 pp. Cet ouvrage est devenu excessivement rare. DE LANESSAN en a cité quelques pages, qu'il qualifie à juste titre d'*admirables*, dans son livre : *Le transformisme, évolution de la matière et des êtres vivants*, Paris, 1883, (pp. 29-37).

(3) Cette pensée est aussi un des principes fondamentaux d'AUGUSTE COMTE dont BRUNETIÈRE a justement fait ressortir les affinités avec BALZAC.

humains dont BRUNETIÈRE fait honneur à BALZAC et qu'il considère avec raison comme une des bases les plus solides de la morale de l'avenir.

« Il me semble, dit LAMARCK, que le plus grand service que l'on puisse rendre à l'homme social serait de lui offrir trois règles sous la forme de principes : le premier pour l'aider à rectifier sa pensée en lui faisant distinguer ce qui n'est que préjugé ou prévention, de ce qui est ou peut être pour lui, connaissance solide ; la seconde pour le diriger dans ses relations avec ses semblables, conformément à ses véritables intérêts ; la troisième pour borner utilement les affections que son sentiment intérieur et l'intérêt personnel qui en provient peuvent lui inspirer. Or les règles dont il s'agit et que je lui propose résident dans les trois principes suivants :

« *Premier principe* : Toute connaissance qui n'est pas le produit réel de l'observation ou de conséquences tirées de l'observation est tout à fait sans fondement et véritablement illusoire ;

» *Second principe* : Dans les relations qui existent, soit entre les individus, soit entre les diverses sociétés que forment ces individus, soit entre les peuples et leurs gouvernements, la *concordance* entre les intérêts réciproques est le principe du bien comme la *discordance* entre ces mêmes intérêts est celui du mal ;

» *Troisième principe* : Relativement aux affections de l'homme social, outre celles que lui donne la nature pour sa famille, pour les objets qui l'ont entouré ou qui ont eu des rapports avec lui dans sa jeunesse, et quelles que soient celles qu'il ait pour objet, ces affections ne doivent jamais être en opposition avec l'intérêt public, en un mot, avec celui de la nation dont il fait partie.

» Je suis bien trompé ou je crois qu'il sera difficile de remplacer ces trois principes par d'autres qui soient plus utiles, plus fondés et plus moraux que ceux que je viens de présenter pour régler la pensée, le jugement, les sentiments et les actions de l'homme civilisé. Je suis même très persuadé que plus ce dernier s'écartera, par sa pensée, par ses sentiments et ses actions des trois principes exposés ci-dessus, plus aussi il contribuera à aggraver la situation en général malheureuse où il se trouve dans l'état de société ; les actions qui sont en opposition avec ces principes donnant lieu à des vexations, des perfidies, des injustices et des oppositions de toutes sortes qui occasionnent des maux nombreux dans le corps social et y font naître quelquefois des désordres incalculables ».

Et plus loin :

« Parmi les vérités que l'homme a pu apercevoir, l'une des plus importantes est sans doute celle qui lui a fait reconnaître, ainsi qu'on l'a vu plus haut, que le premier et principal objet de toute *institution publique* devait être *le bien de la totalité des membres de la société*, et non uniquement celui d'une portion d'entre eux, l'intérêt de la minorité étant en discordance avec celui de la majorité, de même que l'intérêt individuel l'emporte ordinairement sur tous les autres ».

BALZAC fut pour les idées de LAMARCK un merveilleux vulgarisateur comme plus tard, mais avec une puissance bien moindre et une mentalité bien inférieure, ZOLA devait être le vulgarisateur des idées de CH. DARWIN sur la concurrence vitale et sur l'hérédité.

Les littérateurs ne sont pas le plus souvent des créateurs d'idées, mais grâce à leur art de bien dire et de bien écrire ils remplissent une fonction sociale considérable quoique non comparable, comme semble le penser BRUNETIÈRE, à celle beaucoup plus efficace qui appartient aux hommes de science.

Leur rôle est plutôt celui de disséminateurs de la pensée. Par eux les idées géniales qui font progresser l'humanité pénètrent plus rapidement dans le cerveau des masses. Par une sorte d'action télégonique exercée sur les mères, et en créant pour les enfants dans chaque famille un milieu intellectuel approprié, ils font pénétrer dans une génération nouvelle des idées que la génération antérieure n'avait acceptées qu'avec difficulté.

Cette tâche est belle à coup sûr, mais elle n'est qu'un facteur adjuvant de l'évolution qui se serait produite quand même, avec plus de lenteur, par le cheminement des idées à travers les esprits d'élite.

On ne peut donc refuser à LAMARCK la place prédominante à laquelle il a droit parmi les génies créateurs du XIXe siècle en prétextant que son influence a été longtemps diminuée par le silence qu'on s'est efforcé de faire autour de ses œuvres pour des raisons politiques ou autres.

Ce serait se tromper étrangement que de mesurer l'influence d'un homme sur le bruit qui s'est fait un moment autour de ses écrits et de prendre pour une action profonde ce qui n'est que le résultat d'une agitation purement superficielle.

Pendant bien des années la réputation de LOUIS FIGUIER contrebalança celle de CLAUDE BERNARD dont la valeur scientifique ne fut comprise du gros public que lorsqu'elle fut révélée à DURUY par les savants étrangers venus à Paris lors de l'exposition internationale de 1867 (1). Et si l'on demandait aujourd'hui aux citoyens français de désigner par un plébiscite le plus grand astronome contemporain, je sais bien quel nom sortirait triomphant du scrutin, et je sais bien aussi que ce choix ne sera pas ratifié par la postérité.

Il serait d'ailleurs facile de prouver que LAMARCK n'a pas été, même en France, aussi dédaigné qu'on l'a souvent prétendu.

Un article du « Lycée », cité par F. PICAVET (Les Idéologues, 1891, p. 599), est très instructif à cet égard (2). Il s'agit d'un curieux

---

(1) Lorsque, jeune professeur de Faculté, en 1874, je commençais à interroger les candidats au Baccalauréat, s'il m'arrivait de les questionner sur la fonction glycogénique du foie, découverte en 1853, je n'obtenais généralement aucune réponse. Seuls quelques élèves brillants arrivaient à me dire : « Un médecin français, M. CLAUDE BERNARD, a annoncé *récemment* qu'on trouve du sucre dans le foie ; mais un autre physiologiste, M. L. FIGUIER, est d'un avis contraire et la question n'est pas tranchée ». On voit par cet exemple combien il faut de temps pour qu'une découverte faite en France passe de l'enseignement supérieur à l'enseignement secondaire !

(2) Le livre de Picavet est des plus remarquables : c'est une mine de documents très importants, et je n'hésite pas à dire qu'il n'a pas été consulté suffisamment par les naturalistes. La lecture attentive de ce beau travail m'a donné l'impression très nette que l'état d'esprit des idéologues, de ceux d'entre eux surtout qui avaient une sérieuse culture scientifique et une aversion corrélative pour la métaphysique, constituait un terrain merveilleusement propre à l'éclosion et au développement des doctrines transformistes. Le Dr G. HERVÉ insistait récemment dans ce *Bulletin* (T. XXXIX, pp. 505-519) sur la part considérable qui revient à CABANIS dans l'élaboration de la théorie de la descendance modifiée. PICAVET a parfaitement mis en évidence ce rôle de précurseur de l'auteur des *Rapports*, et rappelé que DE BONALD et SCHOPENHAUER ont aussi établi de curieux rapprochements entre CABANIS et LAMARCK. (V. *Les Idéologues*, pp. 258, 438, 572 et 578).

Parmi les principes transformistes, celui de l'action modificatrice des milieux avait particulièrement frappé l'esprit des idéologues même les moins scientifiques.

C'est ainsi que PIVER DE SENANCOURT, que SAINTE-BEUVE a d'ailleurs également rapproché de LAMARCK, écrivait en 1804 ces lignes qu'aurait pu citer PICAVET :

« Trouvant ces deux lieux forts semblables excepté sous le rapport de l'exposition, j'entrevis enfin la raison de ces effets contraires que j'avais éprouvés vers les Alpes dans des lieux en apparence les mêmes..... Ainsi s'expliqueront la douceur de Vevey, la mélancolie d'Unterwalden ; et, par des raisons semblables, peut-être les divers caractères de tous les peuples. *Ils se sont modifiés par les différences des expositions, des climats, des vapeurs, autant et plus encore que par celles des lois et des habitudes*. En effet ces dernières oppositions ont en elles-mêmes, dans le principe, de semblables causes physiques. » (*Obermann*, lettre XXII, pp. 160-161, T. I de la 2e édition Abel Ledoux, 1833. La première édition est de 1804).

A cet égard les Idéologues ont été devancés, comme nous l'avons montré ailleurs, par BOSSUET et MONTESQUIEU. (V. GIARD, *Controverses transformistes*, p. 9).

parallèle entre VAUQUELIN et LAMARCK publié au lendemain de la mort de ces deux académiciens :

« VAUQUELIN était professeur de chimie au Muséum d'Histoire naturelle et membre de la section de chimie à l'Institut, et LAMARCK membre de la section de botanique à l'Institut et professeur de zoologie au Muséum. Le premier, élevé à l'ombre toute puissante de FOURCROY, fut investi de toutes les dignités dans lesquelles FOURCROY dédaigna de descendre ; le second ne brilla que de son propre éclat et ne tint ces places que de son talent. Celui-là cultiva la science et la fortune à la fois ; celui-ci, debout chaque jour pour la science, dès cinq heures du matin, oublia la fortune et vécut oublié du pouvoir. Le premier fut plus vanté en France qu'à l'étranger ; le second est encore plus célèbre à l'étranger qu'en France, et, comme les éloges obtenus loin de nous ne sont dictés par aucune considération intéressée, LAMARCK, de son vivant, a été pour ainsi dire jugé par la postérité. VAUQUELIN fit beaucoup de travaux, mais presque toujours sur le même modèle ; ... LAMARCK, plus ingénieux qu'exact, plus profond que sévère, n'a pas laissé, jusque dans ses écarts, d'imprimer de nouvelles impulsions à la science. Peu façonné à l'intrigue et aux ménagements de l'ambition, il exprima ses grandes vues avec hardiesse et sans les accomoder aux goûts des pouvoirs divers qui ont passé successivement devant lui ; il lutta contre des adversaires qui, devenus plus puissants que lui, ont semblé l'éclipser de l'éclat que leur prêtaient le journalisme et les faveurs ministérielles ; mais ses opinions, d'abord ridiculisées, reprennent faveur aujourd'hui qu'on les juge loin des ministères » (*Lycée*, IV, 1829).

On était alors à la veille de 1830, et il semble que chaque fois que revenait une ère de liberté, la gloire de notre grand zoologiste, un instant tenue dans l'ombre par les régimes de despotisme, resplendissait à nouveau et soulevait l'enthousiasme des jeunes générations de naturalistes.

C'est ce qui eut lieu encore à l'aurore de la révolution de 1848. Dans un petit livre qui eut son heure de célébrité, mais peu connu actuellement et habilement *raréfié* par ceux qu'il offusquait [1], FRÉDÉRIC GÉRARD, rédacteur en chef du *Dictionnaire universel d'Histoire naturelle*, écrivait en 1847 :

---

[1] ISID. S. DE GOSSE. Histoire naturelle drolatique et philosophique des Professeurs du Jardin des Plantes, etc. Paris (G. Sandré) 1847, p. 29.

« LAMARCK ! Quel front ne se découvrirait pas en entendant prononcer le nom de l'homme dont le génie fut méconnu et qui languit abreuvé d'amertume. Aveugle, pauvre, délaissé, il resta seul avec une gloire dont il sentait lui-même l'étendue, mais que sanctionneront seulement les siècles auxquels se révèleront plus clairement les lois de l'organisme.

» LAMARCK, ton délaissement quelque douloureux qu'il fut à ta vieillesse, vaut mieux que la gloire éphémère des hommes qui ne durent leur réputation qu'en s'associant aux erreurs de leur temps.

» Honneur à toi ! Respect à ta mémoire, tu es mort sur la brèche en combattant pour la vérité, et la vérité t'assure l'immortalité ».

On ne peut mieux dire, et malgré l'opposition des adversaires de l'École des idéologues à laquelle notre illustre zoologiste se rattache nettement, malgré le mépris de CUVIER et de ses médiocres successeurs (1), l'influence des idées de LAMARCK a sans cesse été grandissant soit en France soit plus rapidement encore, ainsi que nous l'avons dit, en Allemagne et aux Etats-Unis. Loin d'être refoulé ou amoindri par la magnifique poussée du Darwinisme dans la seconde moitié du XIXe siècle, le mouvement lamarckien a pris, dans ces dernières décades, plus de puissance et de pénétration. On a reconnu, en effet, que si l'étude des facteurs secondaires de l'évolution et le principe de la sélection naturelle jetaient une grande lumière sur l'origine des espèces et leurs transformations, il fallait toujours, en dernier ressort, recourir aux facteurs primaires cosmiques ou biologiques, c'est-à-dire au point de vue — lamarckien, — pour tenter une explication directe, mécanique ou énergétique des faits observés.

Mais, pour les raisons que j'ai dites, les sources d'où dérive ce beau mouvement sont aujourd'hui presque inaccessibles au plus grand nombre.

Il serait donc, semble-t-il, tout à fait opportun de reproduire, pour leur donner une dispersion plus large, les ouvrages fondamentaux

---

(1) Je demandais un jour au dernier rejeton de la dynastie des EDWARDS quelques renseignements sur le logement qu'avait occupé LAMARCK au Muséum d'histoire naturelle, dans la maison dite de BUFFON. Né et élevé dans l'établissement, ALPHONSE MILNE-EDWARDS pouvait, me semblait-il, mieux que tout autre, me donner quelques indications sur l'homme de génie dont son père avait été le contemporain. « Ah ! monsieur, me répondit-il textuellement, je suis bien embarrassé pour vous répondre, voyez notre archiviste M. HAMY, qui vous renseignera peut-être ; *Lamarck a tenu une si petite place parmi nous* ! ». Les détails que m'a fournis très obligeamment M. HAMY ont été publiés dans l'intermédiaire de l'A.F.A.S., T. II, 1897, p. 130-131.

du grand transformiste français, et de faire pour lui ce qu'on a fait pour LAPLACE, pour LAVOISIER, pour DESCARTES, pour FERMAT, etc.

Depuis plus de vingt ans j'ai vainement réclamé qu'il fût procédé à cette édition nationale des œuvres de J.-B. LAMARCK, et chaque année, à chaque moment favorable, je me fais un devoir de renouveler ma demande restée sans écho.

Toutefois, si je n'ai rien obtenu des pouvoirs publics, mes efforts n'ont pas été cependant inutiles. A l'appel que je lançais avec insistance a répondu une voix d'outre mer. Mon ami regretté, le professeur ALPHEUS S. PACKARD, de Brown University, Providence R. I., a publié en 1901, sous le titre : LAMARCK, *the founder of evolution*, un livre des plus intéressants où les principaux ouvrages de LAMARCK sont étudiés, analysés avec soin et souvent même partiellement reproduits.

Plus récemment et plus près de nous, un de nos bons élèves, M. MARCEL LANDRIEU, après avoir lu le livre de PACKARD, s'est passionné pour l'œuvre du fondateur de l'évolution. Il s'est livré sur la vie et les travaux de LAMARCK à de patientes recherches et a fait de jolies trouvailles dont il a déjà donné quelques aperçus (1)

C'est à son instigation et grâce aux soins de M. PH. FRANÇOIS que je reproduis aujourd'hui dans mon *Bulletin* les discours d'ouverture des cours de LAMARCK ; discours d'un intérêt si vif pour l'histoire de la doctrine et généralement si ignorés de ceux qui ont écrit sur les origines du transformisme.

Puisse cette publication servir de première pierre au monument plus grandiose que les jeunes naturalistes français ont le devoir d'élever bientôt à la gloire de l'auteur de la *Philosophie zoologique*.

A. GIARD.

---

(1) MARCEL LANDRIEU. Lamarck et ses précurseurs (*Revue de l'Ecole d'Anthropologie de Paris*, 16e année, 1906, p. 152-169). — De Lamarck à Darwin (*Revue des Idées*, 15 juillet 1906).

LAMARCK,
dessin ancien de A. DE VAUX-BIDON
fait d'après une gravure de Frémy.

INTRODUCTION BIBLIOGRAPHIQUE

J.-B.-P.-A. DE MONET DE LA MARCK (1744-1829) qui signait simplement LAMARCK, avait cinquante ans lorsqu'il fut appelé, par le décret de fondation du Muséum d'Histoire Naturelle de Paris (10 juin 1793), à la chaire de « Zoologie des Insectes et des Vers », et l'on sait les immenses services rendus à la science par l'ancien botaniste (1) devenu zoologiste par ordre de la Convention.

Dès le début de son enseignement, LAMARCK prit l'habitude de prononcer chaque année, au commencement de son cours, un discours d'ouverture où il expose les idées générales et les principes philosophiques qui, selon lui, doivent guider le naturaliste dans l'étude de la zoologie.

Quatre de ces discours — ceux de l'an VIII, de l'an X, de l'an XI et de 1806 — nous sont parvenus ; on y retrouve les ébauches peu à peu précisées des théories dont la « Philosophie Zoologique » (1809) devait donner l'expression définitive. Sentant toute l'importance des idées qu'il venait de formuler, LAMARCK prit soin de les publier, la plupart à ses frais. Il ne s'illusionnait pas, cependant, sur leur succès immédiat ; trop de raisons s'opposaient à ce qu'elles fussent goûtées par ceux qui étaient censés en être les juges naturels, mais comme KEPLER composant ses « Organiques du Monde », LAMARCK écrivait pour la postérité :

« Je connais à peu près d'avance, disait-il en l'an X (2), ce qui pour le présent doit résulter de mes efforts pour faire connoître quelques vérités importantes que je suis parvenu à découvrir. Mon but, néanmoins, sera complètement rempli dès que je les aurai consignées ».

Ces discours, qui constituent cependant des documents de la plus haute valeur pour l'histoire des sciences biologiques, sont en général

---

(1) En 1788, LAMARCK, universellement connu par ses travaux de botanique, et membre de l'Académie des Sciences depuis 10 ans, fut nommé « Botaniste attaché au cabinet d'Histoire naturelle » au *Jardin du Roy*, humble place qu'il conserva jusqu'à la transformation de ce jardin en « Muséum d'Histoire Naturelle ».

(2) *Recherches sur l'organisation des corps vivans* (1802), motifs de cet ouvrage, p. VII.

ignorés (1) ; ce sont, en effet, comme la plupart des œuvres philosophiques de LAMARCK, des raretés bibliographiques : pour deux d'entre eux, il semble bien n'en plus exister que des exemplaires uniques. Après l'échec de toutes les tentatives de réédition des œuvres de LAMARCK, une nouvelle publication des discours d'ouverture s'imposait pour sauvegarder et faire connaître ces œuvres pleines de foi sincère et d'ardeur juvénile où se révèle la formation et le développement harmonieux de la pensée du fondateur du transformisme.

DISCOURS D'OUVERTURE DE L'AN VIII

Ce discours, prononcé le 21 floréal an 8, se trouve en tête du « Système des Animaux sans Vertèbres, *ou Tableau général des classes, des ordres et des genres de ces animaux ; présentant leurs caractères essentiels et leur distribution d'après la considération de leurs rapports naturels et de leur organisation, et suivant l'arrangement établi dans les galeries du Muséum d'Histoire Naturelle, parmi leurs dépouilles conservées ; précédé du discours d'ouverture du cours de zoologie, donné dans le Muséum National d'Histoire Naturelle l'an 8 de la République, par J.-B. Lamarck, de l'Institut National de France, l'un des professeurs administrateurs du Muséum d'Histoire Naturelle, des Sociétés d'Histoire Naturelle, des Pharmaciens et Philomatique de Paris, de celle d'Agriculture de Seine-et-Oise, etc.* A Paris, chez l'auteur, au Muséum d'Histoire Naturelle ; Deterville, libraire, rue du Battoir, n° 16, quartier de l'Odéon. An IX, 1801 ».

1 vol. pet. in-8, VIII + 432 pp. ; le discours occupe les pages 1 à 48.

---

(1) ISIDORE GEOFFROY ST-HILAIRE (*Hist. Gén. Règn. Org.*, T. II, 1859) et CLÉMENCE ROYER (*Lamarck*, in *Revue Positiviste*, 1868) semblent bien avoir été les premiers, et les seuls alors, à connaître ces *Discours* : M. DE LANESSAN (*Le transformisme*, 1883), QUATREFAGES (*Darwin et ses précurseurs français*, 1892), MATHIAS DUVAL (*Le transformiste français : Lamarck*, in *Revue Scientifique*, 1889), et même M. EDMOND PERRIER, qui s'est pourtant à plusieurs reprises occupé de LAMARCK, soit dans la *Philosophie zoologique avant Darwin*, 1886, soit plus particulièrement dans *Lamarck et le transformisme actuel* (Vol. Cent. Muséum de Paris, 1893), ont complètement négligé ces premières tentatives du fondateur de l'évolution, sur lesquelles l'attention a été attirée de nouveau par M. GIARD (*Histoire du transformisme*, 1889 et passim). Nous devons citer aussi A.-S. PACKARD qui en a donné de larges extraits dans son beau livre : *Lamarck, the founder of evolution* (New-York, 1902).

Le « Système des Animaux sans Vertèbres » est le premier ouvrage zoologique classique de Lamarck ; il n'avait jusque là publié que quelques mémoires spéciaux. Dans l' « Avertissement » de ce volume, nous trouvons un passage consacré au « Discours d'ouverture » qui nous en donne les motifs :

« Le Discours d'ouverture imprimé au commencement de cet ouvrage pourra servir à caractériser d'une manière générale les animaux qui en sont l'objet ; à donner une idée de l'étonnante graduation qui existe dans la composition de l'organisation de ces animaux ; enfin à faire sentir tous les genres d'intérêt que la connoissance de ces êtres singuliers peut inspirer. J'y ai laissé entrevoir quelques vues importantes et philosophiques que la nature et les bornes de cet ouvrage ne m'ont pas permis de développer,.. » (1).

C'est en effet dans ce discours de l'an VIII que Lamarck expose pour la première fois ses idées sur l'évolution des espèces ; quelque soigneuses qu'aient été nos recherches dans ses œuvres antérieures, botaniques ou physico-chimiques, nulle part nous n'avons trouvé d'allusion à la possibilité de variation des espèces : « J'ai long-temps pensé, dit Lamarck (2) lui-même, qu'il y avoit des *espèces* constantes dans la nature,... » On peut donc dater du 21 floréal an 8, l'acte de naissance du transformisme.

Discours d'ouverture de l'an X

Ce discours fut prononcé le 27 floréal an 10, au Muséum d'Histoire Naturelle. Il est imprimé au début des « Recherches sur l'organisation des corps vivans, *et particulièrement sur son origine, sur la cause de ses développemens et des progrès de sa composition, et sur celle qui tendant continuellement à la détruire dans chaque individu, amène nécessairement sa mort ; précédé du discours d'ouverture du cours de zoologie, donné dans le Muséum National d'Histoire Naturelle, l'an X de la République, par J.-B. Lamarck, de l'Institut National de France, l'un des Professeurs-Administrateurs du Muséum d'Histoire Naturelle, des Sociétés d'Histoire Naturelle, des Pharmaciens et Philomatique de Paris, de celle d'Agriculture de Seine-et-Oise, etc.*

(1) *Loc. cit.*, p. VI.
(2) *Recherches sur l'organisation des corps vivans*. Appendice, p. 141.

A Paris chez l'Auteur, au Muséum d'Histoire Naturelle ; Maillard, libraire, rue du Pont de Lodi, n° 1 » (s. d.).

1 vol. pet. in-8, VIII + 216 p. ; le « Discours d'ouverture » occupe les pages 1 à 67, se confondant, à partir de la page 7, avec la première partie des « Recherches ».

Dans les « motifs de cet ouvrage », LAMARCK nous dit lui-même avoir eu tout d'abord l'intention de publier ce Discours « dans une feuille volante et fugitive » qu'il se proposait de distribuer à ceux qui mettraient quelque intérêt à ses observations ; mais il fut bien vite entraîné à la composition des « Recherches » qui peuvent être considérées comme une première ébauche de la « Philosophie zoologique » (1).

Nous avons cru bon de joindre à ce Discours l'appendice aux » Recherches » (p. 141-148) intitulé « Des espèces parmi les corps vivans » qui est à la fois le complément du Discours d'ouverture de l'an X, d'après LAMARCK lui-même (2), et pour ainsi dire le prélude du Discours de l'an XI.

DISCOURS D'OUVERTURE DE L'AN XI

Le seul exemplaire connu de ce discours est celui de la Bibliothèque du Muséum d'Histoire naturelle de Paris où il porte la cote LL-10. C'est une mince brochure pet. in-8, de 46 p. + 1 f., non paginé, sans titre et sans nom d'auteur, sous couverture factice orange ; dans l'un des angles on trouve le nom manuscrit de « Lamarck » et en dessous, en guise de titre : « De l'Espèce Parmi Les corps vivans — 1803 ». Le 1er feuillet sert de page de garde et porte en guise de faux-titre, au recto : « Discours d'ouverture d'un cours de Zoologie pour l'an XI ». Le Discours commence page 3, l'en-tête est ainsi libellé : « *Discours d'ouverture d'un cours de Zoologie, prononcé en*

---

(1) Voyez *Philosophie zoologique* (Discours préliminaire, p. 35). « La *Philosophie zoologique* dont il s'agit n'est autre chose qu'une nouvelle édition refondue, corrigée et fort augmentée de mon ouvrage intitulé : *Recherches sur les corps vivans* ».

Notons à ce propos que nous avons retrouvé la trace, dans un catalogue de FRIEDLÄNDER (1896, n° 71), d'un exemplaire des « *Recherches sur l'organisation des corps vivans* » interfolié de papier blanc, enrichi d'un très grand nombre de notes et d'additions de la main de LAMARCK ; malgré nos efforts nous n'avons pu savoir où se trouve ce volume qui peut être considéré jusqu'à un certain point comme une première rédaction de la *Philosophie zoologique*.

(2) *Recherches*... motifs de cet ouvrage, p. VIII.

prairial an XI au Muséum d'Histoire Naturelle: sur la question, qu'est-ce que l'espèce parmi les corps vivans ». Ce discours se termine page 46. Le dernier feuillet, en blanc, porte au recto, en faux-titre : « Esquisse d'une philosophie zoologique ». Ce morceau, s'il a jamais été publié, n'est point parvenu jusqu'à nous.

La majeure partie de ce Discours est reproduite, presque intégralement, dans le IIIe chapitre de la « Philosophie Zoologique » (1809) qui a pour titre : *De l'espèce parmi les corps vivans et de l'idée que nous devons attacher à ce mot* (1).

Discours d'ouverture de 1806

Comme pour le discours de l'an XI, nous ne connaissons qu'un exemplaire du Discours de 1806 : celui que possède M. le professeur A. Giard (2) qui a dû à plusieurs reprises lui faire traverser l'Atlantique pour satisfaire la curiosité scientifique de Packard d'abord, puis de quelques naturalistes américains. En diverses occasions il dût aussi le copier en totalité ou en partie pour l'usage de collègues étrangers qui voulaient en faire des citations. C'est une plaquette pet. in-8, de 108 pp., sous reliure moderne, sans page préliminaire, ni titre, ni nom d'auteur. La première page porte comme en-tête le titre : « *Discours d'ouverture du cours des animaux sans vertèbres, prononcé dans le Muséum d'Histoire Naturelle, en mai 1806* ».

Le libellé de ce titre et les fréquents renvois de Lamarck à ce Discours justifient, malgré l'absence de nom d'auteur, l'attribution de cet ouvrage à Lamarck.

Marcel Landrieu.

---

(1) *Philosophie Zoologique*, pp. 71-96.

(2) Le Professeur A. Milne-Edwards en possédait un autre exemplaire, que nous avons eu entre les mains, mais dont nous avons perdu la trace depuis la vente de sa bibliothèque. Le titre de cet exemplaire ne figura pas, d'ailleurs, au catalogue.

Nota. — Dans la réimpression que nous donnons des « Discours d'ouverture » de LAMARCK, le texte original de l'auteur a été scrupuleusement reproduit, en tenant compte de la composition typographique, de l'orthographe, de la ponctuation, de l'accentuation et même de quelques fautes d'impression manifestes. — Ainsi par exemple :

page 55, ligne 14 ; ... *moyens* dont *ceux des animaux sans vertèbres*....... c'est évidemment : *moyens* que *ceux des animaux sans vertèbres*....... qu'il faut lire.

page 68, ligne 17 ; ... *qui dans cette même espèce* et *fortement appauvri*....... lisez : *qui dans cette même espèce* est *fortement appauvri*....

page 87, ligne 17 ; ... *j'entreprendrai d'examiner* sur *vos yeux*.... au lieu de : *j'entreprendrai d'examiner* sous *vos yeux*....

page 110, ligne 34 ; ... *Mais vous n'avez pas fait attention que ces* régénérations *successives*.... et p. 532, ligne 4 ; *et la faculté qu'ont les* régénérations *de conserver le progrès*.... il faut certainement comprendre *générations*.

page 77, ligne 35 ; il a été imprimé *Lacépede* au lieu de Lacépède.

Enfin l'orthographe de certains mots est parfois variable dans le courant d'un même discours ; on lit en effet : tantôt *extrémité* tantôt *extrêmité* ; tantôt *reproduction*, tantôt *réproduction*, etc.

Seule la pagination, à cause de la différence de format et de caractères, n'a pu être conservée.

PH. F.

LAMARCK, aveugle.

DISCOURS D'OUVERTURE,

PRONONCÉ LE 21 FLORÉAL AN 8

CITOYENS,

S'IL est vrai que pour étudier d'une manière profitable l'Histoire Naturelle, même lorsqu'on se propose de descendre jusque dans les moindres détails de ses parties, il soit avant tout nécessaire d'embrasser par l'imagination le vaste ensemble des productions de la nature, de s'élever assez haut par ce moyen pour dominer les masses dont cet ensemble paroît composé, pour les comparer entr'elles, enfin pour reconnoître les traits principaux qui les caractérisent ; si, dis-je, ces considérations sont nécessaires, je dois commencer par vous rappeler d'une manière succincte, les grandes distinctions que la nature elle-même semble avoir établies parmi l'immense série de ses productions, la marche ou l'ordre qu'elle paroît avoir suivi en les formant, et les rapports singuliers qu'elle fait exister entre la facilité ou la difficulté de leur multiplication et leur nature particulière.

Ainsi, afin de vous donner des idées claires et utiles des objets dont je me propose de vous faire l'exposition pendant la durée de ce cours, je vais d'abord vous indiquer d'une manière rapide les principales coupes qui résultent des distinctions que la nature a tracées elle-même parmi ses nombreuses productions, ce qu'elles ont d'éminemment remarquable et qui les distingue essentiellement, enfin le rang qu'occupent dans l'ordre des rapports et dans la distribution méthodique que je me suis formée, les êtres naturels que j'entreprends de vous faire connoître.

Vous savez que toutes les productions naturelles que nous pouvons observer, ont été partagées depuis long-temps par les Naturalistes en trois règnes, sous les dénominations de *règne animal*, *règne végétal* et *règne minéral*. Par cette division, les êtres compris dans chacun de ces règnes sont mis en comparaison entr'eux et comme sur une même ligne, quoique les uns aient une origine bien différente de celle des autres.

J'ai trouvé plus convenable d'employer une autre division primaire, parce qu'elle est propre à faire mieux connoître en général tous les êtres qui en sont l'objet. Ainsi je distingue toutes les productions naturelles comprises dans les trois règnes que je viens d'énoncer, je les distingue, dis-je, en deux branches principales :

1°. En corps organisés, vivans.

2°. En corps bruts et sans vie.

Les êtres ou corps vivans, tels que les animaux et les végétaux, constituent donc la première de ces deux branches des productions de la nature. Ces êtres ont, comme tout le monde sait, la faculté de se nourrir, de se développer, de se reproduire, et sont nécessairement assujettis à la mort.

Mais ce qu'on ne sait pas aussi bien, c'est qu'ils composent eux-mêmes leur propre substance par leur résultat de l'action et des faculté de leurs organes ; et ce qu'on sait encore moins, c'est que par leurs dépouilles, ces êtres donnent lieu à l'existence de toutes les matières composées brutes qu'on observe dans la nature, matières dont les diverses sortes s'y multiplient avec le temps par les altérations et les changemens qu'elles subissent plus ou moins promptement, selon les circonstances, jusqu'à leur entière destruction, c'est-à-dire jusqu'à la séparation complète des principes qui les constituoient. Dans une vaste étendue de pays, comme dans les déserts de l'Afrique, où le sol, depuis bien des siècles, se trouve à nu sans végétaux ni animaux quelconques, en vain y chercheroit-on autre chose que des matières presque purement vitreuses : le règne minéral s'y trouve réduit à bien peu de chose. Le contraire a lieu dans tout pays couvert depuis long-temps de végétaux abondans et d'animaux divers : le sol y offre à l'extérieur une terre végétale ou végéto-animale, épaisse, succulente, fertile, recouvrant çà et là des matières minérales presque de toutes les sortes, tantôt salines, bitumineuses, sulfureuses, pyriteuses, tantôt pierreuses, &c. &c. &c. J'ai développé les preuves de ces faits importans dans un ouvrage que j'ai publié sous le titre de *Mémoires de Physique et d'Histoire Naturelle*. (Voyez le 7e mémoire) &c.

Ce sont ces diverses matières brutes et sans vie, soit solides ou liquides, soit simples ou composées ; ce sont, dis-je, ces diverses matières brutes qui constituent la deuxième branche des productions de la nature, qui forment la masse principale de notre globe, et qui la plupart sont connues sous le nom de minéraux.

Elles se régissent par des loix à-peu-près connues, et qui sont très-différentes de celles auxquelles les corps vivans sont assujettis. On peut dire qu'il se trouve entre les matières brutes et les corps vivans un *hiatus* immense qui ne permet pas de ranger sur une même ligne ces deux sortes de corps, et qui fait sentir que l'origine des uns est bien différente de celle des autres.

Parmi les êtres vivans, c'est-à-dire parmi ceux qui constituent la première branche des productions de la nature, les *végétaux* privés de la sensibilité, du mouvement volontaire et des organes de la digestion, sont fortement distingués des animaux qui tous sont munis de ces facultés et de ces organes. Les végétaux, comme vous le savez, sont l'objet de cette belle et importante partie de l'Histoire Naturelle qu'on nomme *Botanique*.

De même, parmi les êtres vivans, les *animaux* doués de la sensibilité, de la faculté de mouvoir volontairement leur corps ou seulement certaines de ses parties, et tous munis d'organes digestifs, appartiennent à cette grande et intéressante partie de l'Histoire Naturelle qu'on appelle *Zoologie*. Or, comme les êtres nombreux dont je dois vous entretenir, et que je me propose d'examiner avec vous pendant la durée de ce Cours, font partie de la Zoologie, il convient de nous arrêter un instant pour considérer les *animaux* en général, pour contempler l'ensemble de ces êtres admirables, enfin pour remarquer non-seulement l'excellence de leurs facultés, leur prééminence sur tous les autres êtres vivans, mais encore pour reconnoître la gradation singulière et bien étonnante qu'offre leur ensemble dans la composition ou la complication de leur organisation, dans le nombre et l'étendue de leurs facultés, en un mot dans la facilité, la promptitude et le nombre des moyens de leur multiplication.

Depuis plusieurs années je fais remarquer dans mes Leçons au Muséum, que la considération de la présence ou de l'absence d'une colonne vertébrale dans le corps des animaux, partage tout le règne animal en deux grandes coupes très-distinguées l'une de l'autre, et que l'on peut en quelque sorte considérer comme deux grandes famille du premier ordre.

Je crois être le premier qui ait établi cette distinction importante, à laquelle il paroît qu'aucun Naturaliste n'avoit pensé. Elle est maintenant adoptée par plusieurs qui l'introduisent dans leurs ouvrages, ainsi que quelques autres de mes observations, sans en indiquer la source.

Tous les animaux connus peuvent donc être distingués d'une manière remarquable.

1°. En *animaux à vertèbres*.

2°. En *animaux sans vertèbres*.

Les animaux à vertèbres ont tous en effet dans leur intérieur une colonne vertébrale presque toujours osseuse, qui affermit leur corps, fait la base du squelette dont ils sont munis, et les rend difficilement contractiles. Cette colonne vertébrale porte la tête de l'animal à son extrémité antérieure, des côtes pectorales sur les côtés, et fournit dans sa longueur un canal dans lequel le cordon pulpeux qu'on nomme *moelle épinière*, et qu'on peut regarder comme une multitude de nerfs encore réunis, se trouve renfermé.

Les animaux qui ont cette colonne vertébrale se distinguent en outre par la couleur rouge de leur sang, ou plutôt par la présence, dans les principaux vaisseaux de leur corps, d'un fluide rouge qu'on nomme *sang*, et qui est composé de trois parties distinctes intimement mêlées ensemble. Ils n'ont jamais plus de quatre pattes ; beaucoup d'entr'eux n'en ont point du tout.

On observe dans les *animaux à vertèbres*, comme dans les autres, une diminution graduelle dans la composition de l'organisation et dans le nombre de leurs facultés.

Les animaux dont il s'agit sont moins nombreux que les autres dans la nature, et tous sont compris dans les quatre premières classes du règne animal, lesquelles offrent.

1°. Les Mammaux.	Vivipares et à mamelles. Des poumons.	Le cœur a 2 ventricules et le sang chaud.	Animaux à vertèbres.
2°. Les Oiseaux...	Ovipares et sans mamell. Des poumons.		
3°. Les Reptiles...	Ovipares sans poils ni plumes. Des poumons.	Le cœur a 1 ventricule et le sang froid.	
4°. Les Poissons. .	Ovipares à nageoires. Des branchies.		

Ces animaux à vertèbres sont les plus parfaits, ont l'organisation plus compliquée, jouissent de facultés plus nombreuses, et sont en général mieux connus que les animaux sans vertèbres.

Les animaux que comprend la seconde branche du règne animal, la seconde des deux grandes familles qui composent ce règne, ceux enfin que je nomme *animaux sans vertèbres*, et que nous nous proposons d'examiner plus particulièrement, sont fortement distingués des premiers, en ce qu'en effet ils sont dépourvus de colonne vertébrale soutenant la tête et faisant la base d'un squelette articulé.

Aussi leur corps est-il mollasse, éminemment contractile ; et parmi ces animaux ceux dont le corps reçoit quelqu'affermissement, c'est presqu'uniquement à la consistance de ses tégumens ou à celle de ses enveloppes extérieures qu'ils en sont redevables. Si dans certains de ces animaux l'on trouve des parties dures dans leur intérieur, jamais ces parties ne forment la base d'un véritable squelette, et ne fournissent de gaine à une moelle épinière. On ne sauroit donc comparer convenablement ces parties dures à une colonne vertébrale, comme on a essayé de le faire.

Parmi les *animaux sans vertèbres* ceux qui ont des pattes en ont au moins six, et il y en a qui en ont beaucoup davantage.

Les *animaux sans vertèbres* n'ont pas de véritable sang, c'est-à-dire n'ont pas en propre ce fluide mixte constamment rouge, composé de trois parties distinctes, qui se forme et existe essentiellement dans les principaux vaisseaux des animaux à vertèbres. Mais, à sa place, les animaux sans vertèbres ont une sanie blanchâtre, rarement colorée en rouge, et qui paroît n'être qu'un fluide alimentaire plus ou moins modifié par l'action des organes.

C'est donc de cette seconde branche du règne animal, en un mot de cette grande famille d'*animaux sans vertèbres*, que je me propose de vous entretenir pendant la durée de ce Cours. J'essaierai de vous en présenter le tableau, l'histoire et les principaux caractères distinctifs ; et vous verrez qu'ils composent une série particulière, la plus nombreuse sans doute que puisse nous offrir le règne animal.

Cette grande série, qui seule comprend plus d'espèces que toutes les autres prises ensemble dans le même règne, est en même temps la plus féconde en merveilles de tout genre, en faits d'organisation les plus singuliers et les plus curieux, en particularités piquantes et même admirables relativement à la manière de vivre, ou de se conserver, ou de se reproduire des animaux singuliers qui la composent. C'est cependant celle qui est encore la moins connue en général.

Sans doute l'étude de cette belle partie du règne animal est pleine d'attraits et d'intérêts divers. Elle offre des connoissances utiles, et dont en effet l'on peut retirer les plus grands avantages dans bien des circonstances. Malheureusement une sorte de prévention a fait négliger trop long-temps cette partie intéressante de l'Histoire Naturelle. Apparemment que la petitesse en général des animaux qui en sont l'objet, et que sur-tout le nombre prodigieux qu'on en voit dans la nature, ont donné lieu à cette espèce de mépris ou au moins d'indifférence qu'on a trop communément pour ces sortes d'animaux. On ne sauroit nier cependant que les animaux dont il s'agit méritent à tous égards de fixer l'attention des Naturalistes, et de faire, comme les autres productions de la nature, l'objet essentiel de leurs recherches.

Je dis plus, en mettant à part l'intérêt que nous avons de les connoître, soit pour nous servir de ceux ou des productions de ceux qui peuvent nous être utiles, soit pour nous garantir de ceux qui nous nuisent ou nous incommodent, ce dont je tâcherai tout-à-l'heure de vous convaincre ; la science sous un autre point de vue peut encore gagner infiniment dans la connoissance de ces singuliers animaux, car ils nous montrent encore mieux que les autres cette étonnante dégradation dans la composition de l'organisation, et cette diminution progressive des facultés animales qui doit si fort intéresser le Naturaliste philosophe ; enfin ils nous conduisent insensiblement au terme inconcevable de l'animalisation, c'est-à-dire à celui où sont placés les animaux les plus imparfaits, les plus simplement organisés, ceux en un mot qu'on soupçonne à peine doués de l'animalité, ceux peut-être par lesquels la nature a commencé, lorsqu'à l'aide de beaucoup de temps et des circonstances favorables, elle a formé tous les autres.

Si l'on considère la diversité des formes, des masses, des grandeurs et des caractères que la nature a donnée à ses productions, la variété des organes et des facultés dont elle a enrichi les êtres qu'elle a doués de la vie, on ne peut s'empêcher d'admirer les ressources infinies dont elle sait faire usage pour arriver à son but. Car il semble en quelque sorte que tout ce qu'il est possible d'imaginer ait effectivement lieu ; que toutes les formes, toutes les facultés et toutes les modes aient été épuisés dans la formation et la composition de cette immense quantité de productions naturelles qui existent.

Mais si l'on examine avec attention les moyens qu'elle paroît employer pour cet objet, l'on sentira que leur puissance et leur fécondité a suffi pour produire tous les effets observés.

Il paroît, comme je l'ai déjà dit, que du *temps* et des *circonstances favorables* sont les deux principaux moyens que la nature emploie pour donner l'existence à toutes ses productions. On sait que le temps n'a point de limite pour elle, et qu'en conséquence elle l'a toujours à sa disposition.

Quant aux circonstances dont elle a eu besoin et dont elle se sert encore chaque jour pour varier ses productions, on peut dire qu'elles sont en quelque sorte inépuisables.

Les principales naissent de l'influence des climats, des variations de température de l'atmosphère et de tous les milieux environnans, de la diversités des lieux, de celle des habitudes, des mouvemens, des actions, enfin de celle des moyens de vivre, de se conserver, se défendre, se multiplier, &c. &c. Or par suite de ces influences diverses, les facultés s'étendent et se fortifient par l'usage, se diversifient par les nouvelles habitudes long-temps conservées; et insensiblement la conformation, la consistance, en un mot la nature et l'état des parties ainsi que des organes, participent des suites de toutes ces influences, se conservent et se propagent par la génération.

L'oiseau que le besoin attire sur l'eau pour y trouver la proie qui le fait vivre, écarte les doigts de ses pieds lorsqu'il veut frapper l'eau et se mouvoir à sa surface. La peau qui unit ces doigts à leur base, contracte par-là l'habitude de s'étendre. Ainsi avec le temps, les larges membranes qui unissent les doigts des canards, des oies, &c. se sont formées telles que nous le voyons.

Mais celui que la manière de vivre habitue à se poser sur les arbres, a nécessairement à la fin les doigts des pieds étendus et conformés d'une autre manière. Ses ongles s'alongent, s'aiguisent et se courbent en crochet pour embrasser les rameaux sur lesquels il se repose si souvent.

De même l'on sent que l'oiseau de rivage, qui ne se plait point à nager, et qui cependant a besoin de s'approcher des eaux pour y trouver sa proie, sera continuellement exposé à s'enfoncer dans la vase : or, voulant faire en sorte que son corps ne plonge pas dans le liquide, il fera contracter à ses pieds l'habitude de s'étendre et de s'alonger. Il en résultera pour les générations de ces oiseaux qui continueront de vivre de cette manière, que les individus se trouveront élevés comme sur des échasses, sur de longues pattes nues ; c'est-à-dire dénuées de plumes jusqu'aux cuisses et souvent au-delà.

Je pourrois ici passer en revue toutes les classes, tous les ordres, tous les genres et les espèces des animaux qui existent, et faire voir que la conformation des individus et de leurs parties, que leurs organes, leurs facultés, &c. &c. sont entièrement le résultat des circonstances dans lesquelles la race de chaque espèce s'est trouvée assujettie par la nature.

Je pourrois prouver que ce n'est point la forme soit du corps, soit de ses parties, qui donne lieu aux habitudes, à la manière de vivre des animaux ; mais que ce sont au contraire les habitudes, la manière de vivre et toutes les circonstances influentes qui ont avec le temps constitué la forme du corps et des parties des animaux. Avec de nouvelles formes, de nouvelles facultés ont été acquises, et peu à peu la nature est parvenue à l'état où nous la voyons actuellement.

Il convient donc de donner la plus grande attention à cette considération importante ; d'autant plus que l'ordre que je viens simplement d'indiquer dans le règne animal, montrant évidemment une diminution graduée dans la composition de l'organisation ainsi que dans le nombre des facultés animales, fait pressentir la marche qu'a tenue la nature dans la formation de tous les êtres vivans.

Ainsi les *animaux à vertèbres*, et parmi eux les mammaux, présentent un *maximum* dans le nombre et dans la réunion des principales facultés de l'animalité ; tandis que les *animaux sans vertèbres*, et sur-tout ceux de la dernière classe (les polypes) en offrent, comme vous le verrez, le *minimum*.

En effet, en considérant d'abord l'organisation animale la plus simple, pour s'élever ensuite graduellement jusqu'à celle qui est la plus composée, comme depuis la monade qui, pour ainsi dire, n'est qu'un *point animé*, jusqu'aux animaux à mamelles, et parmi eux jusqu'à l'homme, il y a évidemment une gradation nuancée dans la composition de l'organisation de tous les animaux et dans la nature de ses résultats, qu'on ne sauroit trop admirer et qu'on doit s'efforcer d'étudier, de déterminer et de bien connoître.

De même, parmi les végétaux, depuis les byssus pulvérulens, depuis la simple moisissure (1) jusqu'à la plante dont l'organisation

(1) Telle peut-être que le *mucor viridescens* qui semble être le *minimum* de la végétabilité.

est la plus composée, la plus féconde en organes de tout genre, il y a évidemment une gradation nuancée en quelque sorte analogue à celle qu'on remarque dans les animaux.

Par cette gradation nuancée dans la complication de l'organisation, je n'entends point parler de l'existence d'une série linéaire, régulière dans les intervalles des espèces et des genres : une pareille série n'existe pas ; mais je parle d'une série presque régulièrement graduée dans les masses principales, telles que les grandes familles ; série bien assurément existante, soit parmi les animaux, soit parmi les végétaux ; mais qui dans la considération des genres et sur-tout des espèces, forme en beaucoup d'endroits des ramifications latérales, dont les extrémités offrent des points véritablement isolés (1).

S'il existe parmi les êtres vivans une série graduée au moins dans les masses principales, relativement à la complication ou à la simplification de l'organisation, il est évident que dans une distribution bien naturelle, soit des animaux, soit des végétaux, on doit nécessairement placer aux deux extrémités de l'ordre les êtres les plus dissemblables, les plus éloignés sous la considération des rapports, et par conséquent ceux qui forment les termes extrêmes que l'organisation, soit animale, soit végétale, peut présenter.

Toute distribution qui s'éloigne de ce principe me paroît fautive ; car elle ne peut pas être conforme à la marche de la nature.

Cette considération importante nous mettra donc dans le cas de mieux connoître la nature des êtres dont nous devons nous occuper dans ce Cours ; de juger plus justement de leurs rapports avec les autres êtres qui existent ; enfin de déterminer plus convenablement le rang que chacun d'eux doit occuper dans la série générale des êtres vivans, et particulièrement dans celle des animaux connus.

Vous verrez que les polypes qui forment la dernière classe des animaux sans vertèbres et par conséquent de tout le règne animal,

---

(1) Plusieurs Naturalistes s'étant apperçus de l'isolation plus ou moins remarquable de beaucoup d'espèces, de certains genres et même de quelques petites familles, se sont imaginé que les êtres vivans, dans l'un ou l'autre règne, s'avoisinoient ou s'éloignoient entr'eux, relativement à leurs rapports naturels, dans une disposition semblable aux différens points d'une carte de Géographie ou d'une Mappe-monde. Ils regardent les petites séries bien prononcées, qu'on a nommées *familles naturelles*, comme devant être disposées entr'elles en manière de réticulation, selon l'ordre qu'ils attribuent à la nature. Cette idée qui a paru sublime à quelques modernes qui avoient mal étudié la nature, est une erreur qui, sans doute, se dissipera dès qu'on aura des connoissances plus profondes et plus générales de l'organisation des corps vivans.

et que ceux sur-tout que comprend le dernier ordre de cette classe, n'offrent en quelque sorte que des ébauches de l'animalité ; enfin vous serez convaincus que les polypes sont à l'égard des autres animaux, ce que les plantes *cryptogames* sont aux végétaux des autres classes.

Cette gradation soutenue dans la simplification ou dans la complication d'organisation des êtres vivans, est un fait incontestable sur lequel j'insiste, parce que sa connoissance jette actuellement le plus grand jour sur l'ordre naturel des êtres vivans, et en même temps soutient et guide la pensée qui les embrasse tous par l'imagination ou qui les fixe dans leur véritable point de vue, en les considérant chacun en particulier.

A cette vue extrêmement intéressante, il faut ajouter celle qui nous apprend qu'à mesure que l'organisation animale se complique, c'est-à-dire devient plus composée, à mesure, de même, les facultés animales se multiplient et deviennent plus nombreuses, ce qui en est un résultat simple et naturel. Mais aussi en se multipliant, les facultés animales perdent en quelque sorte de leur étendue, c'est-à-dire que dans les animaux qui ont le plus de façultés, celles de ces facultés qui sont communes à tous les animaux y ont bien moins d'étendue et de capacité qu'elles n'en ont dans les animaux à organisation plus simple. Voilà ce que l'observation nous apprend et ce qu'il étoit important de remarquer. Ainsi la faculté de se régénérer se rencontrant dans tous les animaux, quelle que soit la simplification ou la complication de leur organisation, leurs moyens de multiplication sont d'autant plus nombreux et plus faciles, que les animaux ont une organisation plus simple, *et vice-versâ* (réciproquement).

Dans les insectes, et bien plus encore dans les vers proprement dits, et sur-tout les polypes, les facultés de l'animalité sont à la vérité moins nombreuses que dans les animaux des premières classes qui sont les plus parfaits ; mais elles y sont bien plus étendues : car l'irritabilité y est plus grande, plus durable ; la faculté de régénérer les parties plus facile, et celle de multiplier les individus bien plus considérable. Aussi la place que les animaux *sans vertèbres* tiennent dans la nature est-elle immense et de beaucoup supérieure à celle de tous les autres animaux réunis.

On ne sait quel est le terme de l'échelle animale vers l'extrémité qui comprend les animaux les plus simplement organisés. On ignore aussi nécessairement le terme de la petitesse de ces animaux : mais on peut assurer que plus on descend vers cette extrémité de l'échelle animale, plus le nombre des individus de chaque espèce est immense, parce que leur régénération est proportionnellement plus prompte et plus facile. Aussi le nombre de ces animaux est inappréciable, et n'a d'autre borne que celle que la nature y met par les temps, les lieux et les circonstances (1).

Cette facilité, cette abondance, enfin cette promptitude avec laquelle la nature produit, multiplie et propage les animaux les plus simplement organisés, se fait singulièrement remarquer dans les temps et dans tous les lieux qui y sont favorables.

La terre en effet, particulièrement vers sa surface, les eaux et même l'atmosphère dans certains temps et dans certains climats, sont peuplées en quelque sorte de molécules animées, dont l'organisation, quelque simple qu'elle soit, suffit pour leur existence. Ces animalcules se reproduisent et se multiplient, sur-tout dans les temps et les climats chauds, avec une fécondité effrayante, fécondité qui est bien plus considérable que celle des gros animaux dont l'organisation est plus compliquée. Il semble, pour ainsi dire, que la matière alors s'animalise de toutes parts, tant les résultats de cette étonnante fécondité sont rapides. Aussi sans l'immense consommation qui se fait dans la nature des animaux qui composent les derniers ordres du règne animal, ces animaux accableroient bientôt et peut-être anéantiroient par les suites de leur énorme multiplicité, les animaux plus organisés et plus parfaits qui composent les premières classes et les premiers ordres de ce règne, tant la différence dans les moyens et la facilité de se multiplier est grande entre les uns et les autres.

Mais la nature a prévenu les dangereux effets de cette faculté si étendue de produire et de multiplier. Elle les a prévenus d'une part, en bornant considérablement la durée de la vie de ces êtres si simplement organisés qui composent les dernières classes, et sur-tout les derniers ordres du règne animal. De l'autre part elle les a prévenus, soit en rendant ces animaux la proie les uns des autres, ce qui sans cesse en réduit le nombre, soit enfin en fixant par la diversité des climats les lieux où ils peuvent exister, et par la variété des saisons, c'est-à-dire par les influences des différens météores atmos-

(1) Quel point de vue pour juger de la nature ! elle n'a sûrement pas dans ses productions procédé du plus composé au plus simple. Qu'on juge donc de ce qu'avec le temps et les circonstances elle a pu opérer.

phériques, les temps même pendant lesquels ils peuvent conserver leur existence.

Au moyen de ces sages précautions de la nature, tout reste dans l'ordre. Les individus se multiplient, se propagent, se consument de différentes manières ; aucune espèce ne prédomine au point d'entraîner la ruine d'une autre, excepté peut-être dans les premières classes, où la multiplication des individus est lente et difficile ; et par les suites de cet état de choses, l'on conçoit qu'en général les espèces sont conservées.

Il résulte néanmoins de cette fécondité de la nature qui s'accroît dans les êtres vivans avec la simplification de leur organisation, que les animaux sans vertèbres doivent présenter et présentent réellement la série d'animaux la plus nombreuse de celles qui existent dans la nature, quoique les animaux qui la composent soient en même temps les moins vivaces.

Ce qu'il y a encore de bien remarquable, c'est que parmi les changemens que les animaux et les végétaux opèrent sans cesse par leurs productions et leurs débris, dans l'état et la nature de la surface du globe terrestre, ce ne sont pas les plus grands animaux, les plus parfaits en organisation, qui forment les plus considérables de ces changemens.

J'ai essayé de prouver dans mes *Mémoires de Physique et d'Histoire Naturelle* (p. 342, n°. 490.), que la matière calcaire, si abondante à la surface du globe, est réellement le produit des animaux qui l'ont formée.

Mais quel doit être notre étonnement, en apprenant que la plus grande quantité de la matière calcaire qui existe, que celle enfin qui constitue ces nombreuses chaînes de montagnes calcaires et ces bancs énormes de craie qu'on observe dans toutes les contrées de la terre, n'est due qu'en très-petite partie aux animaux à coquilles, mais qu'elle est principalement le résultat de la craie formée par les polypes à polypiers, c'est-à-dire par les animaux des madrépores, des millepores, &c. qui sont presque les plus imparfaits et les plus petits des animaux ?

Quoique ces animaux soient si petits, si simplement organisés, enfin si délicats et si peu vivaces, leur faculté régénérative est si étendue, que leur énorme multiplicité surpasse de beaucoup dans ses effets, ce qu'un plus grand volume et une vie plus durable dans les autres sont capables de produire.

En sorte qu'on peut dire qu'ici ce que la nature n'obtient pas en quantité par chaque individu, elle l'obtient amplement par le nombre des animaux dont il s'agit, par l'énorme fécondité de ces mêmes animaux, par l'admirable faculté qu'ils ont de se régénérer promptement, et de multiplier en peu de temps leurs générations rapidement accumulées; enfin par la réunion des produits de ces nombreux animalcules.

C'est un fait maintenant bien constaté que les polypes coralligènes, c'est-à-dire que cette grande famille d'animaux à polypiers, tels que ceux des madrépores, des millepores, des astroïtes, des méandrites, &c. préparent en grand dans le sein de la mer, par une excrétion continuelle de leur corps et par une suite de leur nombre étonnant ainsi que de leurs générations accumulées, la plus grande partie de la matière calcaire qui existe. Les polypiers nombreux que ces animaux produisent, et dont ils augmentent perpétuellement le volume et la quantité, forment en certains endroits des îles d'une étendue considérable, comblent des baies, des golfes et les rades les plus vastes, en un mot bouchent des ports et changent entièrement l'état des côtes. Ces bancs énormes de madrépores, millepores, &c. cumulés les uns sur les autres, recouverts et ensuite entremêlés de serpules, d'huîtres, de balanites et de différens autres coquillages, forment des montagnes irrégulières et sous-marines d'une étendue presque sans borne.

La belle considération dont je viens de parler nous porte donc à examiner parmi les êtres vivans, les facultés remarquables de ceux que la nature a doués de l'animalité. Et déjà elle nous a appris, comme je l'ai dit tout-à-l'heure, qu'à mesure que dans les animaux l'organisation se simplifie, les facultés de l'animalité deviennent à la vérité moins nombreuses, mais aussi acquièrent en général bien plus d'étendue.

Les métamorphoses singulières des insectes; la régénération de la tête dans les limaçons, des pattes dans les crustacés, des branches ou rayons des astéries, de toutes les tentacules des actinies, après que ces parties ont été coupées; la multiplication de certains vers opérée par la section sur un seul individu; celle des hydres ou polypes d'eau douce, qui se fait comme par cayeux; la faculté qu'ont les polypes coralligènes ou zoophytes, en se multipliant par un bourgeonnement perpétuel qui ramifie leur polypier, de former des tiges semblables par leur aspect et leur port à celles des végétaux; enfin les divers modes de propagation et de multiplication de tous ces animaux, et sur-tout des polypes amorphes ou microscopiques, sont des phénomènes qu'on n'observe pas dans toute l'étendue du règne animal; mais dont les animaux sans vertèbres, qui sont plus simplement organisés que les autres, fournissent cependant des exemples.

Si nous nous rapprochons du terme ou l'animalité semble recevoir l'existence, où se trouvent en un mot les premières et les plus simples ébauches de l'organisation, nous sentirons que dans une simplification si grande d'organisation, la génération par des organes appropriés ne peut pas encore avoir lieu. Aussi l'observation nous apprend-elle que dans les animaux dont l'organisation est très-simple, comme dans les *polypes*, on ne connoît aucun organe propre à la génération.

Ces animaux paroissent entièrement dépourvus de sexe : les plus organisés d'entr'eux se multiplient par un bourgeonnement qui en général ramifie leur corps ou le polypier qu'ils forment et qu'ils habitent. Mais les plus imparfaits de ces animaux, c'est-à-dire ceux qui ont l'organisation la plus simple et en quelque sorte la plus problématique, se multiplient par une scission particulière qui s'opère petit à petit sur la largeur ou sur la longueur du corps gélatineux de ces très-petits animaux.

Ainsi la génération, dans les animaux les moins organisés, se réduit à une séparation d'une portion du corps de l'animal qui s'en détache par une scission naturelle. Dans des animaux d'un degré supérieur, la portion du corps qui se sépare se trouve plus petite, isolée, et présente d'avance, en raccourci, un corps semblable à celui d'où il prend naissance. Ce mode conduit insensiblement à l'isolation d'un lieu particulier dans le corps de l'animal, où doit s'opérer des séparations d'espèce de bourgeons intérieurs que la nature transforme petit à petit en œufs, comme à la fin elle transforme ceux-ci en *placenta* organisés. Ce même mode donne donc origine aux organes propres à la génération, et bientôt après la distinction des sexes commence à s'établir. Voilà au moins ce que l'observation paroît attester. Je ne poursuivrai pas plus loin maintenant l'examen de ces considérations intéressantes; je dirai seulement que les merveilles que nous offrent la plupart des animaux sans vertèbres, soit par les particularités remarquables de leur organisation, soit par leurs productions, soit encore par leurs mœurs, leurs habitudes et leurs divers modes de propagation ; que ces merveilles, dis-je, ne sont pas les seules considérations qui doivent nous porter à étudier ces singuliers animaux; je peux faire voir que l'homme a en outre le plus grand intérêt de les connoître pour sa propre utilité.

En effet, on sait que beaucoup de mollusques, d'insectes, de vers, &c. présentent pour la médecine, les arts, le commerce et l'économie domestique, des objets d'utilité sans nombre, souvent même de la plus grande importance. Ainsi le ver à soie, la cochenille du Mexique, celle de Pologne, le kermès, l'abeille, les cynips, qui produisent les noix de galle, les cochenilles, productrices de la gomme-lacque, les sang-sues, les huîtres, les écrevisses, &c. &c. prouvent déjà que les animaux sans vertèbres fournissent aussi à nos arts et à nos besoins, comme les autres branches de l'Histoire Naturelle, et qu'ils méritent d'être étudiés et connus.

Mais on peut faire voir encore qu'outre l'utilité considérable que l'homme peut retirer d'un grand nombre de ces animaux ou de leurs productions, il a le plus grand intérêt de chercher à les bien connoître pour se mettre à l'abri du mal qu'ils font pour la plupart, et des dégâts qu'ils peuvent occasionner. Les végétaux, les animaux, l'homme même n'en sont point épargnés. Un grand nombre d'insectes divers rongent les végétaux vivans dans toutes leurs parties; piquent, sucent et dévorent les autres animaux vivans, soit en se fixant sur leur corps, soit en s'introduisant dans leur intérieur; détruisent les productions animales et végétales, préparées et conservées pour notre utilité; telles que les pelleteries, les collections d'Histoire Naturelle, &c. Enfin la plupart des vers proprement dits, habitent dans le corps des animaux vivans et dans celui de l'homme même, s'y multiplient considérablement et en consomment la substance, en sorte que l'on peut dire que les maux, les torts et les dévastations que tous ces animaux opèrent, sont souvent incalculables.

On conçoit donc que plusieurs mollusques, qu'un grand nombre d'insectes, que la plupart des vers et bien d'autres animaux sans vertèbres étant en général très-malfaisans, l'homme a le plus grand intérêt de les étudier et de chercher à les connoître, afin de trouver les moyens, soit de les détruire, soit de s'en délivrer, ou du moins de se garantir des maux qu'ils lui peuvent occasionner, et de leurs ravages.

L'homme en effet peut, par son industrie, diminuer beaucoup la somme des maux que ces animaux peuvent lui causer. Or, pour cela, il est évident que c'est en étudiant bien ces sortes d'animaux, en cherchant à connoître les lieux qu'ils habitent, les époques de leurs développemens, leur manière de vivre, &c. qu'il peut espérer de réussir à empêcher et les excès de leur multiplication, au moins autour de lui, et celui des torts qu'ils peuvent causer. *V. Oliv. Journal d'Hist. Nat* n°. 1 et 2.

Ainsi l'on sent que plusieurs considérations puissantes doivent nous porter à étudier les animaux *sans vertèbres*, et à les connoître aussi particulièrement que les autres ; et qu'elles prouvent que cette étude, d'ailleurs amusante et très-curieuse, n'est pas pour nous d'un moindre intérêt que celle des autres parties de l'Histoire Naturelle.

Le grand intérêt que présentent ces belles considérations vous étant sans doute maintenant suffisamment connu, je passe à la distribution méthodique, c'est-à-dire à la classification des animaux dont j'ai à vous entretenir.

Le célèbre Linné, et presque tous les Naturalistes jusqu'à présent ont, comme je vous l'ai déjà dit, divisé toute la série des *animaux sans vertèbres* en deux classes seulement ; savoir :

En *insectes* et en *vers*.

En sorte que tout ce qui n'étoit pas regardé comme insecte, étoit sans exception rapporté à la classe des vers.

Il plaçoit la classe des insectes après celle des poissons, et celle des vers après les insectes. Les vers formoient donc, d'après cette distribution, la dernière classe du règne animal.

Mais les observations anatomiques connues sur l'organisation de ces animaux, et sur-tout celles qui ont été faites depuis peu d'années, ne permettent plus de conserver cette division des animaux sans vertèbres, en *insectes* et en *vers*. Il est maintenant reconnu que beaucoup de ces animaux, comme les mollusques que Linné avoit rangés parmi les vers, sont mieux ou moins simplement organisés que les *insectes*, et qu'en conséquence ils doivent être placés avant eux, c'est-à-dire immédiatement après les poissons. Tandis que d'autres animaux sans vertèbres, d'une organisation plus simple encore que celle des insectes et même des vers, doivent être placés après eux ; en sorte que ceux qui ont l'organisation la plus simple doivent réellement terminer le règne animal.

Il étoit donc nécessaire de ne plus avoir égard à la division établie par Linné, et il falloit ou réunir tous ces animaux en une seule classe, ou les partager en un certain nombre de coupes bien tranchées et distinctes.

Je me suis continuellement occupé de cette utile réforme depuis que je suis attaché à cet établissement ; et quoique les progrès de mes recherches m'aient fait successivement opérer divers changemens dans les résultats de mon travail à cet égard, je crois maintenant pouvoir fixer définitivement la classification des animaux sans vertèbres, et devoir les caractériser de la manière suivante.

DÉFINITION.

Ainsi les animaux *sans vertèbres* sont ceux qui sont dépourvus de colonne vertébrale, et par conséquent de squelette articulé ; qui manquent de véritable sang, n'ayant à la place qu'une sanie ordinairement blanchâtre qui semble n'être qu'une espèce de lymphe ; enfin qui ont le corps mollasse et éminemment contractile. Ce sont aussi ceux, comme je l'ai déjà dit, en qui les facultés de régénérer leurs parties et de se multiplier par la génération ont le plus d'étendue. Ils composent la branche du règne animal non-seulement la plus nombreuse en espèces dejà connues, mais même celle dont le terme extrême ne sera sans doute jamais déterminé, à cause de la petitesse infinie des espèces qui avoisinent ce terme, et de la grossièreté de nos sens qui s'oppose à ce que nous puissions parvenir à les appercevoir.

Division des animaux sans vertèbres.

Je divise les animaux sans vertèbres, comme vous pouvez le voir dans le tableau ci-joint, en sept classes et en vingt ordres, dont je dois faire successivement l'exposition. Les caractères de ces classes sont empruntés de la considération de l'organisation même des animaux qu'elles comprennent, et particulièrement de celle des trois sortes d'organes les plus essentiels à la vie des animaux ; savoir, 1°. des organes de la respiration, 2°. de ceux qui servent à la circulation ou au mouvement des fluides, 3°. enfin de ceux qui constituent le sentiment.

Ces considérations vraiment essentielles rapprochent les uns des autres les animaux qui ont de véritables rapports, et écartent nécessairement ceux qui n'en ont pas. Elles établissent d'ailleurs la progression la plus exacte dans la diminution de la composition de l'organisation : diminution évidemment croissante d'une extrémité à l'autre dans la série des *animaux sans vertèbres*, comme elle l'est aussi dans celle des *animaux à vertèbres;* en sorte que dans les animaux de la septième et dernière classe, les organes de la respiration, ceux de la circulation, et enfin ceux du sentiment, ne sont plus du tout perceptibles, et paroissent même ne point exister.

CLASSIFICATION.

Les sept classes que j'ai établies parmi les *animaux sans vertèbres*, sont :

1°. Les mollusques.
2°. Les crustacés.
3°. Les arachnides.
4°. Les insectes.
5°. Les vers.
6°. Les radiaires.
7°. Les polypes.

Ces sept classes ajoutées aux quatre qui partagent les *animaux à vertèbres*, forment pour la division de tout le règne animal, onze classes distinctes, bien tranchées, et toutes disposées dans un ordre relatif à la simplification progressivement croissante de l'organisation des animaux qu'elles embrassent.

La classification que je viens d'indiquer, me paroît celle qu'on doit indispensablement établir parmi les *animaux sans vertèbres*. On ne peut sans inconvénient ajouter ni retrancher une seule classe aux sept que je viens de proposer ; et sur-tout on ne peut déranger l'ordre des rapports établis par la nature elle-même, clairement indiqué par l'observation de l'organisation, et que je crois parfaitement conservé dans l'ordre même des sept classes dont il s'agit.

Les *Mollusques*, quoique d'un degré plus bas que les poissons, puisqu'ils n'ont plus de colonne vertébrale et par conséquent de squelette articulé, et qu'ils manquent de véritable sang, sont néanmoins les mieux organisés des *animaux sans vertèbres*. Ils respirent par des branchies comme les poissons, et ont tous un cerveau et des nerfs, un ou plusieurs cœurs musculaires, et un système complet de circulation.

La classe des *Crustacés*, c'est-à-dire la deuxième classe des animaux sans vertèbres, celle enfin qui comprend des animaux qu'on avoit jusqu'à présent confondus avec les insectes, parce qu'ils ont comme les insectes des pattes et des antennes articulées ; cette classe, dis-je, doit suivre immédiatement celle des mollusques, et il n'est plus permis de confondre les animaux qu'elle comprend avec ceux qui méritent réellement le nom d'*insectes*.

En effet, quelque grands que soient les rapports des crustacés avec les *insectes*, ils en ont de plus grands encore avec les *arachnides*, et ils sont essentiellement distingués des uns des autres, en ce qu'ils respirent tous par des branchies comme les mollusques, qu'ils n'ont jamais de stigmates ni de trachées aérifères, et qu'ils sont munis d'un cœur musculaire pour la circulation de leurs fluides.

Les *Arachnides*, quoique plus voisins des insectes que des crustacés, n'en doivent pas moins être distingués des insectes, et former une classe particulière ; car les animaux de cette classe ne subissent point de métamorphose, et ils ont dès les premiers développemens des pattes articulées et des yeux à la tête. Néanmoins comme les *arachnides* ont avec les crustacés des rapports assez nombreux, on doit nécessairement les placer entre les crustacés et les insectes. Il n'y a point d'arbitraire à cet égard.

Après les *arachnides* vient immédiatement et nécessairement la classe des *insectes*, c'est-à-dire cette immense série d'animaux qui subissent des métamorphoses, qui ont tous, dans l'état parfait, six pattes articulées, des antennes et des yeux à la tête, des stigmates et des trachées aérifères pour la respiration.

Ces animaux infiniment curieux par les particularités relatives à leur organisation, à leurs métamorphoses et à leurs singulières habitudes, ont une organisation moins composée que celle des *mollusques* et même que celle des *crustacés*. En effet, dans les insectes on ne retrouve plus de cœur musculaire, mais seulement un vaisseau dorsal, ayant de légers étranglemens alternativement contractiles, et qui ne paroît pas se terminer en ramifications.

La respiration qui, dans les *mammaux*, les *oiseaux* et les *reptiles*, s'opère par des poumons, et qui ensuite s'effectue simplement par des branchies dans les *poissons*, les *mollusques* et les *crustacés*, ne s'exécute plus dans les *arachnides* et dans les *insectes* que par des trachées, c'est-à-dire par des vaisseaux aériens, ramifiés et distribués par toute l'étendue du corps. Ce n'est que dans les larves aquatiques des insectes qu'on retrouve encore des branchies, parce que l'usage des trachées ne peut convenir à ces animaux.

Les *Vers* constituent la cinquième classe des animaux sans vertèbres. Ils doivent sans doute suivre immédiatement les insectes sous le rapport de la composition de leur organisation, et non les précéder, et encore moins être placés après les mollusques avant les crustacés, comme l'a pensé dernièrement un savant Naturaliste.

Comme les insectes, beaucoup de vers ne respirent que par des trachées dont les ouvertures à l'extérieur forment des stigmates. Beaucoup d'autres aussi respirent par des branchies comme les larves des insectes aquatiques. Sous ce rapport et sous celui de leurs système nerveux, ils ressemblent aux insectes; car ils ont comme eux une moelle épinière noueuse. Mais les vers diffèrent essentiellement des insectes en ce qu'ils n'ont jamais de pattes articulées, et en ce qu'aucun d'eux ne subit de véritable métamorphose.

Les vers étant dépourvus de cœur musculaire ne sauroient être convenablement placés après les mollusques, avant les crustacés; cela est déjà si évident que les preuves que j'en donnerai en traitant des animaux de cette classe sont maintenant inutiles.

Enfin la forme du corps des vers, beaucoup plus simple que celle du corps des insectes, les repousse nécessairement après ceux-ci; car le corps de ces animaux paroît formé en totalité par un abdomen alongé sans distinction de corcelet. Le plus souvent on ne leur voit ni tête, ni organe de la vue, &c. &c.

Après les *vers* viennent nécessairement les *Radiaires*, qui composent la sixième classe des animaux sans vertèbres.

Quoique ces animaux soient fort singuliers, et même en général encore peu connus, ce qu'on sait de leur organisation indique évidemment la place que je leur assigne dans la série des animaux sans vertèbres. En effet, l'organe essentiel du sentiment, dont les animaux de toutes les classes précédentes sont doués, et dont on retrouve encore des traces dans les vers, ne se distingue plus chez eux. Il paroît qu'ils n'ont réellement ni moelle longitudinale ni nerfs, et ne sont plus que simplement irritables. On ne leur connoît de même ni cœur ni vaisseaux pour la circulation. Enfin l'organe de la respiration se trouve si obscurément prononcé chez eux, qu'on est réduit à le chercher dans une multitude de tubes absorbans et contractiles qu'on observe dans la plupart de ces animaux, qui introduisent l'eau dans des canaux ramifiés, et la font circuler ou au moins traverser presque tous les points dans leur intérieur.

Cependant les *radiaires* ne forment pas le dernier échelon que l'on puisse assigner dans la série que présente le règne animal. Il faut encore nécessairement les distinguer des *polypes*, qui constituént pour nous le dernier anneau de cette chaine intéressante.

Dans les *radiaires*, que j'ai nommés ainsi parce que leurs organes sont en général disposés comme en manière de rayons, non-seulement on apperçoit encore des organes qui paroissent destinés à la respiration, mais on observe encore des viscères autres que le canal intestinal, tels que des ovaires de diverses formes, &c. Enfin la bouche, qui paroît constamment inférieure, offre le plus souvent encore des organes destinés à la manducation.

Les *Polypes* composent la septième et dernière classe des animaux sans vertèbres, et par conséquent du règne animal. Ils présentent enfin le dernier des échelons qu'on a pu remarquer dans ce règne intéressant, et c'est parmi eux que se trouve le terme inconnu de l'échelle animale, en un mot les ébauches de l'animalisation que la nature forme et multiplie avec tant de facilité dans les circonstances favorables; mais aussi qu'elle détruit si facilement et si promptement par la simple mutation des circonstances propres à leur donner l'existence.

Quoique les polypes soient de tous les animaux les moins connus, ce sont sans contredit ceux dont l'organisation est la plus simple, et ceux par conséquent qui ont le moins de facultés. On ne retrouve en eux ni organe du sentiment, ni organe de la respiration, ni organe destiné à la circulation des fluides. Tous leurs viscères se réduisent à un simple canal alimentaire qui, comme un sac plus ou moins alongé, n'a qu'une seule ouverture qui est la bouche et à-la-fois l'anus; et ce canal alimentaire est apparemment entouré de globules absorbans, contenant des fluides maintenus dans un mouvement quelconque par la succion et la transpiration.

Les animalcules qui se trouvent à la fin du dernier ordre des polypes ne sont plus que des points animés, que des corpuscules gélatineux, d'une forme simple, et contractiles dans presque tous les sens.

Tel est le précis des caractères des sept classes qu'il convient d'établir parmi les animaux sans vertèbres. Je vous en ferai successivement l'exposition ainsi que celle des genres que ces classes comprennent, en me bornant pour chaque genre aux seuls développements que le temps nous permettra de donner.

Quoique les animaux sans vertèbres semblent d'abord annoncer moins d'intérêt que les autres, vous avez vu cependant qu'ils ne sont pas moins dignes d'exciter votre attention et votre curiosité, et même que toutes sortes de raisons doivent vous porter à les étudier et à les bien connoître. Leur étude d'ailleurs est un champ d'autant plus fertile en découvertes utiles, que nos connoissances en ce genre sont encore très-peu avancées.

Dans la distribution des animaux sans vertèbres, les organes de la respiration étant principalement employés comme caractère, il me paroît convenable de présenter ici succinctement la définition des diverses sortes d'organes qui paroissent appartenir à la respiration des animaux.

La respiration dans les animaux s'opère par quatre sortes d'organes respiratoires différens; c'est-à-dire que chaque animal en qui les organes respiratoires sont perceptibles, respire par le moyen de l'une des quatre sortes d'organes suivans; savoir :

Par des poumons.
Par des branchies.
Par des trachées aériennes.
Par des trachées aquifères.

Des poumons.

Les poumons sont un assemblage de cellules, contenu dans une cavité particulière du corps de l'animal qui en est muni, et auquel aboutissent des tuyaux plus ou moins ramifiés, qu'on nomme *bronches*. Tous ces tuyaux aboutissent dans un tuyau commun, qui porte le nom de *trachée-artère*, et qui s'ouvre dans la bouche à la base de la langue. Les cellules et les bronches se remplissent et se vident d'air, alternativement, par les suites du gonflement et de l'affaissement alternatif de la cavité du corps qui les contient.

Sur les parois des cellules et des bronches rampent les dernières ramifications des vaisseaux pulmonaires, qui y sont infiniment multipliées et repliées de toutes manières. Sans doute les parois des cellules et des bronches sont remplies de pores, les uns absorbans et les autres exhalans, qui établissent une communication entre l'air qui s'introduit dans les cellules pulmonaires et le sang qui circule dans les vaisseaux du poumon. (*Voyez* mes Mémoires de Physique et d'Histoire Naturelle, pag. 311.) Tel est l'organe respiratoire des animaux des trois premières classes.

Des branchies.

Les branchies constituent un organe respiratoire à nu, qui ne présente ni cellules, ni bronches, ni trachée-artère.

Les vaisseaux qui, dans les poumons, rampent sur les parois des cellules et des bronches pour y recevoir l'influence de l'air qui s'y introduit par la trachée-artère, rampent à nu dans les *branchies* sur des feuillets ou des franges, s'y ramifient ou s'y contournent à l'infini pour présenter une grande surface au fluide ambiant, et en recevoir l'influence.

Les animaux à branchies sont en général des animaux aquatiques, en sorte que c'est l'eau même qu'ils respirent; c'est-à-dire que pour eux, l'eau liquide se trouve être le fluide ambiant.

Toute leur respiration consiste donc en ce que leurs branchies reçoivent le contact d'une eau continuellement renouvellée. Or, il paroît que cet organe respiratoire a la faculté de séparer de l'eau l'air qu'elle tient en dissolution ou qui est constamment mélangé dans sa masse, et qu'il l'absorbe et l'introduit dans les fluides de l'animal. Il y a sans doute aussi des branchies aériennes, c'est-à-dire des branchies dont les fonctions ne s'exécutent point dans l'eau, mais dans l'air atmosphérique. Celles des limaces et des heliciers en sont un exemple. Les branchies sont l'organe respiratoire essentiel aux poissons, aux mollusques et aux crustacés.

Des trachées aériennes.

Les trachées aériennes sont en quelque sorte un poumon sans cellules et sans bronches, ainsi que sans limites particulières.

Cet organe respiratoire consiste en une multitude de vaisseaux aériens qui se ramifient presqu'à l'infini, et s'étendent dans tout l'intérieur de l'animal et de ses parties; enfin qui s'ouvrent au-dehors par des trous ou des fentes courtes qu'on nomme *stigmates*.

Dans les animaux qui ont de vrais *poumons*, l'air s'introduit dans un organe isolé : il y va porter son influence sur le sang qui vient lui même la chercher dans cet organe.

Dans les animaux à *trachées aériennes*, l'air au contraire s'introduit dans un organe répandu par-tout : il va conséquemment lui-même par-tout chercher les fluides essentiels de l'animal pour leur communiquer son influence.

Les trachées aériennes sont l'organe respiratoire des arachnides, des insectes et de beaucoup de vers.

Des trachées aquifères.

Les trachées aquifères sont aux branchies ce que les trachées aériennes sont aux poumons.

Cet organe, qui paroît respiratoire, ne se rencontre que dans des animaux aquatiques dont l'organisation est tellement simple, qu'on ne leur connoît ni moelle longitudinale ni nerfs. Il consiste en un certain nombre de vaisseaux aquifères qui se ramifient et s'étendent dans l'intérieur de l'animal, et qui s'ouvrent au-dehors par une multitude de petits tubes extensibles et contractiles qui absorbent l'eau et en rejettent. Par ce moyen l'eau circule, pour ainsi dire, perpétuellement dans le corps de ces animaux, et porte par-tout l'influence de l'air que sans doute l'organe sait en séparer. Tel est l'organe respiratoire des *radiaires*, ou au moins de la plupart.

Les animaux en qui aucun organe respiratoire n'est perceptible, respirent vraisemblablement par l'absorption de l'air qu'ils séparent de l'eau, au moyen des pores absorbans soit de la surface externe de leurs corps, soit de celle de leur canal alimentaire ; mais ils n'ont sans doute aucun organe spécial pour opérer cette séparation. Tel est le cas de tous les polypes.

FIN DU DISCOURS D'OUVERTURE.

DISCOURS D'OUVERTURE,

Prononcé le 27 floréal an 10, au Muséum d'Histoire naturelle

Citoyens,

La belle partie du Règne animal dont je me propose de vous entretenir pendant la durée de ce cours, est d'une étendue bien considérable ; car elle seule comprend plus d'espèces que toutes les autres prises ensemble dans le même Règne. Vous allez voir néanmoins que cette considération est la moindre de celles qui doivent vous intéresser à son égard.

En effet, si on l'envisage sous les points de vue qui méritent le plus d'être saisis en elle, c'est alors la plus curieuse des parties qu'offre l'étude des corps vivans ; la plus féconde en merveilles de tout genre ; la plus étonnante sur-tout par les faits singuliers d'organisation qu'elle présente ; et cependant c'est celle qui fut en général la moins considérée sous ces grands points de vue.

Il y a bien d'autres choses à y voir que l'énorme énumération des objets qu'elle embrasse, que les distinctions multipliées et sans bornes qu'elle occasionne de faire, et que l'immense nomenclature qu'elle fournit l'occasion d'établir pour la connoissance particulière de tout ce qu'elle comprend.

Sans doute il est utile pour l'avancement de nos connoissances en Histoire naturelle de diviser et sous-diviser suffisamment, à l'aide de caractères communs et plus particuliers, la masse des êtres naturels observés, afin d'arriver jusqu'à la détermination des espèces, dont le nombre paroît être sans bornes dans la nature.

Mais, ne vous y trompez pas : ce n'est point là réellement où doivent se borner les vues du Naturaliste. Il ne doit pas consumer son temps, ses forces et sa vie entière à fixer dans sa mémoire les caractères, les noms et les synonymes multipliés de cette innombrable multitude d'espèces de tous les genres, de tous les ordres, de toutes les classes, et de tous les règnes, que la surface entière du globe que nous habitons, nous offre par-tout avec une fécondité inépuisable. Cette entreprise exclusive ne seroit propre qu'à rétrécir les vues de celui qui s'y livreroit inconsidérément, qu'à étouffer son génie, et qu'à le priver de la satisfaction de concourir à donner à la science l'impulsion et la véritable direction qu'elle doit avoir pour remplir son objet, c'est-à-dire, pour être à-la-fois, et la voie qui conduit à la connoissance de la nature, et le flambeau qui éclaire utilement l'homme sur tout ce qui peut servir à ses besoins.

Que penseriez-vous d'un homme qui, voulant bien connoître la Géographie, s'obstineroit à se charger la mémoire du nom de tous les hameaux, des villages, des coteaux, des monts, des torrens, des ruisseaux et de tous les petits objets de détail qu'on peut rencontrer dans toutes les parties de la terre ; et qui négligeroit, par suite des difficultés de son entreprise, de donner une attention principale à l'étendue des parties découvertes du globe, aux divisions et aux situations respectives de ces parties, à leur climat, à l'avantage ou au désavantage de leur position, à la nature et à la direction des grandes chaînes de montagnes, des fleuves et des grandes rivières qui s'y trouvent, &c. &c.?

Par suite de l'impulsion qu'un grand nombre de Naturalistes modernes ont donnée à l'étude des diverses branches de l'Histoire naturelle, et de laquelle il résulte que la plupart des Zoologistes s'épuisent pour connoître toutes les espèces d'insectes, de vers, de coquilles, de serpens, d'oiseaux, &c. ; le Botaniste à retenir dans sa mémoire, les caractères et les noms de toutes les espèces de mousses, de fougères, de graminées, etc. ; enfin le Minéralogiste à déterminer, nommer et énumérer toutes les matières et les combinaisons qu'il rencontre, *ou que les opérations chimiques parviennent à produire ;* objets qui font du catalogue qui les rassemble ou les mentionne, un recueil immense et sans bornes, capable d'accabler l'imagination de celui qui le considère ; je crains bien que la nature de ces efforts, en un mot que cette marche bornée dans ses vues ne soit comparable à celle du Géographe dont je viens de parler.

Combien donc n'importe-t-il pas, pour les progrès et la dignité des sciences naturelles, de diriger nos recherches, non-seulement vers la détermination des *espèces*, à mesure que l'occasion nous favorise à cet égard ; mais encore de les porter vers la connoissance de l'origine, des rapports, et du mode d'existence de toutes les productions naturelles dont nous sommes environnés par-tout !

Il me paroît que lorsqu'on se propose de se livrer à une étude quelconque, et sur-tout à celle de quelque partie de l'Histoire naturelle, on doit d'abord considérer dans son entier ou dans son ensemble l'objet que l'on cherche à connoître ; on doit ensuite s'efforcer de découvrir les différens genres d'intérêt qu'il présente, et avant tout s'attacher à ceux qui sont les plus généraux et les plus importans. L'on s'abaisse ensuite graduellement jusques dans les moindres détails de cet objet, si son goût et le temps que l'on peut donner à cette étude, permettent de descendre jusque-là.

En rassemblant les observations et les faits recueillis sur l'organisation des corps vivans, et en les considérant sous les points de vue essentiels qui s'y rapportent, j'en ai obtenu quelques résultats remarquables, que je crois utile de vous communiquer, et dont je vais vous faire l'exposition dans ce Discours.

RECHERCHES

SUR

L'ORGANISATION DES CORPS VIVANS

PREMIÈRE PARTIE

Des progrès de la composition de l'organisation des corps vivans, à mesure que les circonstances les favorisent.

Lorsqu'on donne une attention suivie à l'examen de l'organisation des différens corps vivans observés, à celui des divers systêmes que cette organisation présente dans chaque règne organique, enfin à certains changemens qu'on lui voit éprouver dans certaines circonstances, l'on parvient à la fin à se convaincre ;

1°. Que le propre du mouvement organique est non-seulement de développer l'organisation, mais encore de multiplier les organes et les fonctions à remplir ; et qu'en outre ce mouvement organique tend continuellement à réduire en fonctions particulières à certaines parties, les fonctions qui furent d'abord générales, c'est-à-dire, communes à tous les points du corps ;

2°. Que le résultat de la *nutrition* est non-seulement de fournir aux développemens d'organisation que le moment organique tend à former ; mais en outre que par une inégalité forcée entre les matières que fixe l'assimilation et celles qui se dissipent par les pertes [1],

[1] Mém. de Phys. et d'Hist. naturelle, p. 247 et 248, et 260 à 264.

cette fonction à un certain terme de la durée de la vie, parvient à détériorer progressivement les organes; en sorte que par une suite nécessaire elle amène inévitablement la mort;

3°. Que le propre du mouvement des fluides dans les parties souples des corps vivans qui les contiennent, est de s'y frayer des routes, des lieux de dépôt et des issues; d'y créer des canaux et par suite des organes divers; d'y varier ces canaux et ces organes, à raison de la diversité soit des mouvemens, soit de la nature des fluides qui y donnent lieu; enfin d'agrandir, d'alonger, de diviser et de solidifier graduellement ces canaux et ces organes par les matières qui se forment et se séparent sans cesse des fluides qui y sont en mouvement, et dont une partie s'assimile et s'unit aux organes, tandis que l'autre est rejetée au-dehors;

4°. Que l'état d'organisation dans chaque corps vivant a été obtenu petit à petit par les progrès de l'influence du mouvement des fluides, et par ceux des changemens que ces fluides y ont continuellement subis dans leur nature et leur état par la succession habituelle de leurs déperditions et de leurs renouvellemens;

5°. Que chaque organisation et chaque forme acquise par cet ordre de choses et par les circonstances qui y ont concouru, furent conservées et transmises successivement par la génération, jusqu'à ce que de nouvelles modifications de ces organisations et de ces formes eussent été acquises par la même voie et par de nouvelles circonstances;

6°. Enfin que de concours non interrompu de ces causes ou de ces loix de la nature, de beaucoup de temps et d'une diversité presqu'inconcevable de circonstances influentes, les *corps vivans* de tous les ordres ont été successivement formés.

Des considérations aussi extraordinaires, relativement aux idées que le vulgaire s'est généralement formées sur la nature et l'origine des corps vivans, seroient nécessairement regardées par vous comme des écarts de l'imagination, si je ne me hâtois de vous faire l'exposé des observations et des faits qui les mettent dans la plus grande évidence.

Au point ou sont actuellement les connoissances d'observations, le naturaliste-philosophe a lieu d'être convaincu que c'est dans ce qu'on appelle les dernières classes des deux règnes organiques, c'est-à-dire, dans celles qui comprennent les corps vivans les plus simplement organisés, que l'on peut recueillir les faits les plus lumineux et les observations les plus décisives sur la *production* et la reproduction des corps vivans dont il s'agit ; sur les causes de la formation des organes de ces êtres admirables ; et sur celles de leurs développemens, de leur diversité et de leur multiplicité qui s'accroissent avec le concours des générations, des temps et des circonstances influentes.

Aussi, l'on peut assurer que c'est uniquement parmi les êtres singuliers de ces dernières classes, et particulièrement dans les derniers ordres de ces classes, qu'il est possible de trouver de part et d'autre des ébauches de la vie, et ensuite celles des facultés les plus importantes de l'animalité et de la végétabilité.

Quelque singulière que vous paroisse cette considération, comme vous allez voir qu'elle est fondée sur des faits incontestables, elle fixera sûrement l'attention de ceux parmi vous qui attachent à la connoissance de la vérité tout l'intérêt qu'elle mérite d'obtenir.

Je devrois peut-être me borner à un examen général des *animaux sans vertèbres*, c'est-à-dire, de ceux dont nous devons nous occuper pendant la durée de ce cours ; parce qu'ils nous montrent aussi bien que les autres, cette étonnante *dégradation* dans la composition de l'organisation, et cette diminution progressive des facultés animales qu'il importe que je vous fasse remarquer, et qui doivent intéresser si fortement le naturaliste.

Mais, pour ne laisser aucun doute, à l'égard des grandes considérations que je me propose de vous exposer, il me paroît nécessaire de jeter ici un coup-d'œil général et rapide sur le règne animal entier, et de constater sous vos yeux, par le rassemblement des faits les mieux connus, s'il est vrai que l'organisation des animaux présente une *dégradation* soutenue d'une extrémité à l'autre de la série qu'ils forment, et une diminution progressive et proportionnée dans le nombre des facultés des corps vivans.

Dégradation de l'organisation d'une extrémité à l'autre de la chaîne des animaux.

En examinant avec la plus sérieuse attention l'organisation et les facultés de tous les animaux connus, on est nécessairement frappé d'un fait très-singulier et qui malgré son évidence, ne paroît nullement avoir fixé l'attention des Naturalistes.

On est forcé de reconnoître, que la totalité des animaux qui existent, constitue une *série de masses*, formant une véritable chaîne ; et qu'il règne d'une extrémité à l'autre de cette chaîne, une *dégradation* nuancée dans l'organisation des animaux qui la composent, ainsi qu'une diminution proportionnée dans le nombre des facultés de ces animaux : en sorte que si à l'une des extrémités de la chaîne dont il s'agit, se trouvent les animaux les plus parfaits à tous égards, l'on voit nécessairement à l'extrémité opposée, les animaux les plus simples et les plus imparfaits qui puissent se trouver dans la nature.

Combien cette étonnante *dégradation* dans la composition de l'organisation et cette diminution progressive des facultés animales, ne doit-elle pas intéresser le naturaliste philosophe ! Il sent que cette dégradation conduit insensiblement au terme inconcevable de l'animalisation, c'est-à-dire, à celui où sont placés les animaux le plus simplement organisés, en un mot, où se trouvent ceux qu'on soupçonne à peine doués de l'animalité, qui en sont vraisemblablement les premières ébauches, et sans doute par lesquels la nature a commencé, s'il est vrai, qu'à l'aide de beaucoup de temps et des circonstances favorables, elle soit ensuite parvenue à former tous les autres.

Mais avant de tirer aucune induction de ce fait étonnant, voyons s'il est réellement fondé, ou si ce n'est pas une de ces vues hypothétiques, qui, comme bien d'autres, entravent continuellement les sciences, dans leurs progrès.

Il existe, ai-je dit, dans la composition de l'organisation des animaux, une dégradation singulière qui règne d'une extrémité à l'autre de la chaîne animale, et une diminution progressive du nombre des facultés de ces corps vivans : voilà ce qu'il s'agit de vous faire maintenant remarquer.

Pour cela je devrois commencer par l'exposition des caractères des animaux les plus simplement organisés, pour m'élever ensuite graduellement jusqu'à celle des animaux les plus parfaits, et suivre ainsi l'ordre que la nature paroît avoir tenu en les formant. Mais comme les premiers vous sont bien moins connus que les derniers, et qu'il est plus convenable de procéder du connu à l'inconnu, que de commencer par ce qu'on connoît mal, je vais prendre l'ordre en sens inverse de celui de la nature, et suivre l'organisation des animaux dans sa simplification toujours croissante, depuis ceux qui sont les plus parfaits, les plus complètement organisés, jusqu'à ceux qui n'offrent de l'animalité que les plus foibles ébauches.

LES MAMMAUX.

Ils doivent évidemment se trouver à l'une des extrémités de la chaîne animale, et être placés à celle qui offre les animaux les plus parfaits, les plus riches en organisation et en facultés ; car c'est uniquement parmi eux que se trouvent ceux qui ont l'intelligence la plus développée.

Il est certain que le perfectionnement des facultés, prouve celui des organes qui y donnent lieu. Dans ce cas, tous les animaux à mamelles et qui seuls sont véritablement *vivipares*, ont donc l'organisation la plus perfectionnée ; puisqu'il est reconnu que ces animaux ont plus d'intelligence, plus de facultés, et une réunion de sens plus parfaite que tous les autres.

Leur organisation présente un corps affermi dans ses parties par un squelette articulé, complet, et dont la base est une colonne vertébrale ; une tête mobile, avec des yeux à paupières ; quatre membres articulés ; un diaphragme entre la poitrine et l'abdomen ; un cœur à deux ventricules et le sang chaud ; des poumons libres circonscrits dans la poitrine ; enfin ils sont seuls *vivipares*.

Ce sont donc les mammaux qui occupent le premier rang dans le règne animal, sous le rapport du perfectionnement de l'organisation et du plus grand nombre de facultés.

Remarquez que vers cette extrémité de l'échelle animale, tous les organes essentiels sont isolés ou ont des foyers isolés en des lieux particuliers. Vous verrez bientôt que le contraire a parfaitement lieu vers l'autre extrémité de la même échelle (1).

---

(1) On passe des *mammaux* aux *oiseaux* par les *cétacés*, et particulièrement par l'*ornithorynchus*, animal aquatique de la nouvelle Hollande (*Voyez* le Bulletin des Sciences, n°. 39, p. 113), qui paroît, par diverses considérations, appartenir à la classe des *mammaux*, quoiqu'on assure qu'il manque de mamelles ; et qui, par d'autres considérations, semble se rapprocher des *oiseaux*, et particulièrement des oiseaux aquatiques, tels que les *manchots*, les *pingouins*, &c.

Si l'on n'a point vu des mamelles à l'*ornithorynchus*, c'est qu'apparemment on n'a observé que des individus mâles, ou qui les vestiges de ces organes ont pu se trouver effacés.

Il a les mandibules applaties, édentées, munies de stries transversales, absolument comme dans les canards. Son poil court, fin et serré, approche, en quelque sorte, du duvet des manchots. Les doigts de ses pieds ont des membranes qui les unissent, comme dans les oiseaux aquatiques, mais qui sont plus amples.

L'*ornithorynchus* est un cétacé qu'aucune considération fondée ne peut autant rapprocher des reptiles que des oiseaux.

LES OISEAUX.

Le second rang appartient évidemment aux *oiseaux:* car si l'on ne trouve point dans ces animaux un aussi grand nombre de facultés et autant d'intelligence que dans les animaux du premier rang ; ils sont les seuls qui aient comme les mammaux un cœur à deux ventricules et le sang chaud. Ils ont donc avec eux des qualités communes et exclusives, et par conséquent des rapports qu'on ne sauroit retrouver dans aucuns des animaux des rangs postérieurs.

Mais ils manquent essentiellement de mamelles, organes dont les animaux du premier rang sont les seuls pourvus, et qui tiennent à un système de génération qu'on ne retrouve plus ni dans les oiseaux, ni dans aucun des animaux des rangs qui vont suivre.

Le *diaphragme* qui, dans les mammaux sépare complètement, quoique plus ou moins obliquement, la poitrine de l'abdomen, cesse ici d'exister et ne se retrouve plus dans aucun des autres animaux.

Les oiseaux présentent donc dans leur organisation, un corps sans mamelles, ayant une tête distincte et quatre membres articulés ; un squelette à colonne vertébrale ; un cerveau et des nerfs ; un cœur à deux ventricules et le sang chaud ; des poumons adhérens pour la respiration ; ce sont des *ovipares* (1).

LES REPTILES.

Au troisième rang se placent naturellement et nécessairement les *reptiles;* puisqu'on ne retrouve plus dans leur cœur, qui est uniloculaire, cette conformation qui appartient essentiellement aux animaux du premier et du deuxième rang, et que leur sang est froid, presque comme celui des animaux des rangs postérieurs.

Chez les *reptiles*, l'organe respiratoire, encore constitué par un véritable poumon, est à cellules fort grandes, proportionnellement moins nombreuses et déjà fort simplifié. Dans beaucoup d'espèces, cet organe manque dans le premier âge, et se trouve alors remplacé par des *branchies*, organe respiratoire qu'on ne retrouve jamais dans les animaux des rangs antérieurs. Quelquefois ici les deux sortes d'organes cités pour la respiration, se rencontrent à la fois dans le même individu.

---

(1) On passe des *oiseaux* aux *reptiles* par les tortues.

Enfin c'est chez les *reptiles* que les quatre membres essentiels aux animaux les plus parfaits, se perdent presqu'entièrement ; car, excepté dans un poisson singulier d'Egypte, qui en offre encore quelques vestiges, on ne retrouve plus dans aucun des animaux des rangs postérieurs, rien qui soit analogue à ces quatre membres qui sont le propre de la conformation des animaux les plus parfaits.

Ainsi, les *reptiles* présentent dans leur organisation, un corps sans mamelles, ayant une tête distincte, et quatre ou seulement deux ou même aucuns membres articulés ; un squelette dégradé, à colonne vertébrale ; un cerveau et des nerfs ; un cœur à un ventricule et le sang froid ; des poumons pour la respiration, au moins dans le dernier âge ; ils sont *ovipares* (1).

LES POISSONS.

En suivant le cours de cette dégradation soutenue dans l'ensemble de l'organisation et dans la diminution du nombre des facultés animales, on place nécessairement les *poissons* au quatrième rang.

On ne retrouve plus en eux, ou que rarement et pendant un temps limité, l'organe respiratoire des animaux les plus parfaits ; c'est-à-dire qu'ils manquent en général de véritables poumons, et qu'ils n'ont à la place de cet organe que des *branchies* ou feuillets pectinés et vasculifères, disposés aux deux côtés du cou : l'eau que ces animaux respirent, entre par la bouche, passe entre les feuillets des branchies, et sort latéralement par les ouies.

Ces animaux, ainsi que tous ceux des rangs postérieurs n'ont ni trachée-artère, ni larinx, ni voix véritable, ni paupières sur les yeux. Voilà des organes et des facultés ici perdus, et qu'on ne retrouve plus dans le reste du règne animal. Leur sang est entièrement froid.

Ainsi, les *poissons* offrent dans leur organisation, un corps sans mamelles, ayant une tête distincte et des nageoires, qui ne sont point en rapport avec les quatre membres articulés des animaux les plus parfaits ; un squelette très-dégradé, à colonne vertébrale ; un cerveau et des nerfs ; un cœur à un ventricule, et le sang froid ; des branchies pour la respiration, en général dans tous les âges, et toujours dans le premier ; ils sont *ovipares*.

---

(1) L'on passe des reptiles aux poissons par les serpens, les anguilles.

Anéantissement de la colonne vertébrale.

Parvenus à ce point de l'échelle animale, la colonne vertébrale se trouve entièrement anéantie; et comme cette colonne fait la base de tout véritable squelette, les animaux qui vont être cités en sont tous complètement dépourvus.

Ainsi, aucun des animaux qui ne font point partie soit des mammaux, soit des oiseaux, soit des reptiles, soit enfin des poissons, n'est muni de colonne vertébrale, et conséquemment n'a point de véritable squelette.

Tous ceux qui sont dans ce cas ont donc des facultés plus bornées que ceux qui ont un squelette articulé dans ses parties; puisqu'outre l'affermissement que ceux-ci en retirent pour leur corps, ils en obtiennent des moyens plus étendus et plus variés pour leurs mouvemens divers; moyens dont ceux des animaux sans vertèbres qui ont des parties dures à l'extérieur, ne sauroient malgré cela posséder aussi complètement.

D'ailleurs aucun des *animaux sans vertèbres* (sans colonne vertébrale) ne respire par des poumons cellulaires; aucun d'eux n'a de voix, ni conséquemment d'organe pour cette faculté; enfin ils paroissent la plupart dépourvus de véritable sang.

Ici se perd en outre l'iris qui caractérise les yeux des animaux les plus parfaits: car parmi les *animaux sans vertèbres*, ceux qui ont des yeux, n'en ont pas qui soient distinctement orné d'iris.

Il est donc évident que les *animaux sans vertebres* sont tous plus éloignés des animaux les plus parfaits, dans l'ordre naturel des rapports, que ceux qui font partie des quatre premières classes du règne animal. Jamais on ne pourra contester cet ordre; parce qu'il est fondé sur les considérations les plus importantes de l'organisation.

Voyons maintenant si les classes et les grandes familles qui partagent la série des innombrables *animaux sans vertèbres*, présentent aussi dans la comparaison de ces masses entr'elles, une *dégradation* croissante dans la composition de l'organisation des animaux qu'elles comprennent.

LES MOLLUSQUES.

Le cinquième rang, dans l'échelle graduée que forme la série générale des animaux, appartient de toute nécessité aux *mollus-*

ques; car devant être placés à un degré plus bas que les poissons, puisqu'ils n'ont plus de colonne vertébrale, ce sont néanmoins les mieux organisés des animaux sans vertèbres. Ils respirent par des branchies comme les poissons, et ont tous un cerveau, des nerfs, et un ou plusieurs cœurs uniloculaires.

En effet l'organisation des mollusques offre un corps sans colonne vertébrale, mollasse, non articulé ni annelé, tantôt pourvu et tantôt dépourvu de tête, muni d'un manteau de forme variable, et ayant un cerveau et des nerfs; des artères et des veines; des branchies pour la respiration. Ils sont tous *ovipares.*

LES ANNELIDES.

La nouvelle classe des *annelides*, que j'avois confondue avec les vers, ainsi que tous les naturalistes, jusqu'à l'époque récente où le C. *Cuvier* fit connoître l'organisation des animaux qu'elle comprend, vient nécessairement après celle des mollusques, et occupe le sixième rang.

Les *annelides* respirent par des branchies externes, tantôt saillantes et tantôt confondues ou cachées dans les pores de leur peau.

Leur organisation présente un corps alongé, mollasse, sans colonne vertébrale, sans pattes articulées, annelé plus ou moins distinctement, et qui ne subit point de métamorphose.

Elle offre en outre une moelle longitudinale et des nerfs; des artères, des veines et une espèce de sang rougeâtre qui y circule; des branchies pour la respiration. Ils sont *ovipares.*

Deux poches séparées, situées à la base des deux principaux troncs des artères, sont les cœurs de ces animaux.

Cette organisation bien plus parfaite que celle des *vers*, et même que celle des insectes, les en éloigne considérablement; et comme le défaut de pattes articulées dans les *annelides*, ainsi que la disposition verticale des mâchoires dans les espèces qui en ont, leur donne moins de rapports avec les insectes que n'en ont les crustacés et les arachnides, on doit de toute nécessité les placer à la suite des mollusques.

LES CRUSTACÉS.

La classe des *crustacés*, qu'on avoit jusqu'à présent confondue avec celle des insectes, comme le font encore quelques auteurs qui font peu de cas des découvertes qui leur sont étrangères, doit suivre immédiatement celle des annelides, et occuper le septième rang. La considération de l'organisation l'exige : il n'y a point d'arbitraire à cet égard.

En effet, les crustacés ont un cœur, des artères et des veines, et ils respirent tous et toujours par des branchies. Voilà ce qui est incontestable, et ce qui fera toujours le tourment de ceux qui, pour suivre les divisions anciennes, s'obstinent à les ranger parmi les insectes.

Les crustacés ont même plus de rapports avec les *arachnides* qu'avec les *insectes*, puisque, ainsi que les arachnides, ils ont en naissant la forme qu'ils doivent toujours conserver. On les en distingue en ce qu'ils n'ont jamais de stigmates ni de trachées aerifères.

L'organisation des crustacés offre un corps sans colonne vertébrale, ayant des membres articulés, recouvert d'une peau crustacée divisée en plusieurs pièces, et qui ne subit point de métamorphose.

Elle offre en outre une moelle longitudinale et des nerfs, des artères et des veines, des branchies pour la respiration : ce sont des *ovipares*.

Anéantissement du cœur.

Ici se termine l'existence du *cœur*, c'est-à-dire de cet organe singulier, spécial pour la circulation des fluides, et qui est si remarquable dans les animaux les plus parfaits. On ne retrouve plus rien de semblable dans ceux que nous allons citer ; et quelle que soit la nature du mouvement de leurs fluides, ce mouvement ne peut être comparable à celui des animaux qui ont un *cœur ;* il s'opère par des moyens moins actifs ; il doit donc être bien plus rallenti.

LES ARACHNIDES.

Au huitième rang, viennent de toute nécessité les *arachnides*, qui présentent jusques-là le premier exemple d'un organe respiratoire inférieur aux branchies (des trachées aërifères), puisqu'il n'a jamais lieu dans les systèmes d'organisation qui admettent un coeur, des artères et des veines. Néanmoins, quoique plus voisins des *insectes* que les *crustacés*, les *arachnides* n'en doivent pas moins être distingués des insectes, et les précéder dans l'ordre du perfectionnement de l'organisation ; car ils ont, comme tous les animaux de tous les rangs antérieurs, la faculté d'engendrer plusieurs fois dans le cours de leur vie, faculté dont presque tous les insectes sont privés.

En outre les *arachnides* doivent former une classe particulière, car ils ne subissent point de métamorphose, et ils ont dès les premiers développemens de leur corps, des pattes articulées, et des yeux à la tête. Leurs rapports avec les crustacés forcent de les placer entre ceux-ci et les insectes.

L'organisation des *arachnides* présente un corps sans colonne vertébrale, ne subissant point de métamorphose, ayant en tout temps des yeux à la tête et des pattes articulées.

Elle offre en outre une moelle longitudinale et des nerfs, un système de circulation nul ou obscurément prononcé, des stigmates et des trachées pour la respiration. Ce sont des *ovipares*.

LES INSECTES.

Après les arachnides, viennent immédiatement et nécessairement les *insectes*, c'est-à-dire cette immense série d'animaux qui subissent des métamorphoses, qui ont en naissant un état moins parfait que celui dans lequel ils se régénèrent, et qui tous, ou presque tous, n'engendrent qu'une seule fois dans le cours de leur vie. Ils occupent donc, sans arbitraire, le neuvième rang dans l'échelle animale.

Ces animaux, infiniment curieux par les particularités relatives à leur organisation, à leurs métamorphoses et à leurs habitudes, ont une organisation moins composée que celle des mollusques, des annelides et des crustacés ; puisque le système de circulation constitué par des artères et des veines manque entièrement chez eux, selon les observations du citoyen Cuvier.

L'organisation des *insectes* présente un corps sans colonne vertébrale, subissant des métamorphoses diverses (1), et ayant dans l'état parfait des yeux et des antennes à la tête, six pattes articulées, des stigmates sur les côtés du corps, et des trachées qui se répandent par-tout.

Elle offre en outre une moelle longitudinale noueuse et des nerfs ; un défaut absolu d'artères et de veines. Ce sont les derniers animaux qui offrent une génération sexuelle, et qui soient vraiment *ovipares*.

(1) Si quelqu'anomalie, par avortement habituel, efface dans une espèce tout vestige de métamorphose, ce cas doit être jugé par la considération des congénères, comme on fait dans la botanique où il est fréquent.

Anéantissement de la fécondation sexuelle.

Ici me paroissent s'éteindre totalement toutes les traces de la fécondation sexuelle ; et en effet, dans les animaux qui vont être cités, il n'est plus possible de découvrir le moindre indice d'une véritable fécondation. Néanmoins nous allons encore retrouver dans les animaux des deux classes qui suivent, des espèces d'ovaires abondans en corpuscules oviformes. Mais je regarde ces espèces d'œufs, qui peuvent produire sans fécondation, comme des *gemmules internes*, en un mot, comme constituant une génération *gemmipare interne*, faisant le passage à la génération sexuelle, dite *ovipare*. Leur mode de génération les constitue pour moi des *gemmovipares*.

LES VERS.

La classe qui doit suivre immédiatement les insectes, ne peut être autre que celle des *vers*. Elle seule peut être placée au dixième rang.

Comme les insectes, beaucoup de *vers* paroissent encore respirer par des *trachées*, dont les ouvertures à l'extérieur sont des stigmates ; mais je soupçonne que ces trachées sont aquifères et non aérifères, comme celles des insectes. Plusieurs *vers* laissent en outre appercevoir quelques vestiges d'une moelle longitudinale et de nerfs, ce qui leur donne quelques rapports avec les insectes. Néanmoins les *vers* diffèrent essentiellement des insectes, en ce qu'ils conservent leur état toute leur vie, et qu'ils n'ont jamais de pattes articulées et jamais d'yeux.

L'organisation des *vers* présente un corps mou, sans colonne vertébrale, n'ayant jamais d'yeux, jamais de pattes articulées, ne subissant point de métamorphose, et ne vivant que dans l'intérieur des autres animaux.

Elle offre en outre quelques vestiges de nerfs dans plusieurs, des stigmates pour la respiration, un défaut absolu de circulation artérielle et veineuse : ce sont des *gemmovipares*.

Anéantissement de l'organe de la vue.

Dans une partie des mollusques et des annelides, l'organe de la *vue* a commencé à manquer ; beaucoup d'insectes en sont privés dans le premier âge ; mais c'est dans les animaux de la classe des *vers* que cet organe, si utile aux animaux les plus parfaits, se trouve pour toujours totalement anéanti.

Il en est de même de l'*ouïe*, SENS qui cesse totalement d'exister, et qu'on ne retrouvera plus dans les animaux que je vais mentionner.

Enfin la *langue*, ou ce qui en tenoit lieu dans les animaux antérieurs, manque encore tout à fait ici, et ne se retrouve plus dans aucun autre.

LES RADIAIRES.

Nous voilà parvenus au onzième rang, où il faut placer nécessairement les *radiaires* qui composent l'avant-dernière classe des *animaux sans vertèbres* et de tout le règne animal.

Quoique ces animaux fort singuliers soient en général peu connus, ce qu'on sait de leur organisation indique évidemment la place que je leur assigne. En effet, l'organe spécial du sentiment, dont tous les animaux des classes précédentes sont doués, ne se distingue plus chez eux. Il paroît qu'ils n'ont réellement ni moelle longitudinale ni nerfs, et qu'ils ne sont plus que simplement irritables.

Cependant les *radiaires* ne forment pas le dernier échelon que l'on puisse assigner dans le règne animal. Il faut encore descendre nécessairement, et distinguer ces animaux des *polypes* qui constituent véritablement le dernier anneau de cette chaîne intéressante.

Il n'est pas plus possible de confondre les *radiaires* avec les polypes, qu'il ne l'est de ranger les crustacés parmi les insectes, ou les reptiles parmi les poissons.

En effet, dans les *radiaires*, non-seulement on apperçoit encore des organes qui paroissent destinés à la respiration ; mais on observe en outre des organes particuliers pour la génération, tels que des ovaires de diverses formes. A la vérité, rien ne constate, rien même n'indique que les prétendus œufs qui naissent de ces ovaires reçoivent une fécondation sexuelle ; et je les regarde comme des gemmules internes et perfectionnées, par une suite nécessaire des rapports des *radiaires* avec les polypes, dont les premiers ordres offrent des *gemmipares* externes.

Il n'est donc pas convenable de confondre les *radiaires* avec les animaux de la dernière classe, en qui aucun organe spécial, soit pour la génération, soit pour la respiration, n'est perceptible.

L'organisation des *radiaires* présente un corps sans colonne vertébrale, régénératif dans toutes ses parties, dépourvu de tête, d'yeux, de pattes articulées, et ayant une disposition générale dans ses parties à la forme rayonnante.

Elle offre en outre un défaut complet des organes du sentiment, des organes de la circulation ; et seulement la présence de quelques organes spéciaux soit pour la respiration, soit pour la génération : ce sont des *gemmovipares*.

Plus d'yeux, plus d'ouïe : les sens de l'odorat et du goût n'y sont sensés exister que par hypothèse.

LES POLYPES.

Après tous les autres animaux, viennent enfin les *polypes*. Ils composent nécessairement la dernière classe du règne animal, et présentent le dernier des échelons qu'on a pu remarquer dans ce règne, c'est-à-dire, le douzième et dernier rang.

C'est parmi eux que se trouve le terme inconnu de l'échelle animale, en un mot les premières ébauches de l'animalisation ; ébauches que la nature forme et multiplie avec tant de facilité dans les circonstances favorables ; mais aussi qu'elle détruit si facilement et si promptement par la simple mutation des circonstances propres à les conserver : ce que je mettrai bientôt dans la plus grande évidence.

Quoique les *polypes* soient les moins connus de tous les animaux, ce sont sans contredit ceux dont l'organisation est la plus simple, et ceux par conséquent qui ont le moins de facultés.

On ne retrouve en eux aucun organe particulier, soit pour le sentiment, soit pour la respiration, soit pour la circulation, soit enfin pour la génération. Tous leurs viscères se réduisent à un simple canal alimentaire qui, comme un conduit aveugle, ou comme un sac, n'a qu'une seule ouverture qui est à la fois la bouche et l'anus. Le *toucher* est le seul *sens* qui reste aux polypes, et ainsi que dans les radiaires, il ne s'exerce plus par l'influence des nerfs.

Tous les points de leur corps paroissent se nourrir par succion et absorption, autour du canal alimentaire. L'animal retourné, comme on retourne un gant, peut continuer de vivre, sa peau externe étant devenue pour lui membrane intestinale ; et tous les points de son corps en étant séparés d'une manière quelconque, sont régénérateurs de l'animal entier. En un mot, on peut dire que tous les points du corps de ces animaux ont en eux-mêmes cette modification de la faculté de sentir, qui constitue l'[illegible]*ité* et la nature animale.

Enfin, les animalcules qui terminent le dernier ordre des *polypes*, ne sont plus que des points animalisés, que des corpuscules gélatineux, transparens, d'une forme très simple, et contractiles dans tous les sens.

C'est parmi eux sans doute que se trouvent les premières ébauches de l'animalité opérées directement par la nature, en un mot, les *générations spontanées*. Sans doute elles échapperont toujours à nos sens à cause de leur extrême petitesse et de leur état particulier; et conséquemment elles ne nous seront jamais connues que par des voies d'induction. Mais cette condition à laquelle les bornes de nos sens nous réduisent, n'anéantit nullement les inductions auxquelles nous arrivons par un examen suivi des faits bien observés.

Tel est, citoyens, le résumé succinct des faits généraux relatifs à l'organisation de tous les animaux connus, et l'ordre admirable qu'indique cette organisation. (*Voyez* le tableau ci-joint.)

Les faits qu'il présente sont pour la plupart très-connus, et conséquemment ne peuvent être contestés, ni considérés comme des hypothèses.

C'est donc un fait maintenant incontestable, qu'il existe dans les masses qui composent l'échelle animale, une *dégradation* soutenue dans l'organisation des animaux qu'elles comprennent; une simplification croissante de l'organisation de ces corps vivans, et une diminution progressive du nombre de leurs facultés. En sorte que si l'extrémité inférieure de cette échelle offre le *minimum* de l'animalité, l'autre extrémité en présente nécessairement le *maximum*.

Remontez du plus simple au plus composé; partez de l'animalcule le plus imparfait, et élevez-vous le long de l'échelle jusqu'à l'animal le plus riche en organisation et en facultés; conservez par-tout l'ordre des rapports dans les masses; alors vous tiendrez le véritable fil qui lie toutes les productions de la nature, vous aurez une juste idée de sa marche, et vous serez convaincus que les plus simples de ses productions vivantes ont successivement donné l'existence à toutes les autres.

Avant de faire voir que la nature a effectivement suivi cette marche dans la formation de toutes ses productions vivantes, je vais prouver que les faits particuliers qu'on a saisis pour nier la série qui constitue l'échelle animale, ont été mal jugés, et je vais poser les véritables principes relatifs à cette série.

TABLEAU DU RÈGNE ANIMAL,

MONTRANT LA DÉGRADATION PROGRESSIVE DES ORGANES SPÉCIAUX

JUSQU'A LEUR ANÉANTISSEMENT

Nota. — La progression de la dégradation n'est nulle part régulière ou proportionnelle ; mais elle existe dans l'ensemble d'une manière évidente.

				Anéantissement des organes spéciaux
1 Les Mammaux....	Vivipares et à mamelles ; 4 membres articulés dépendans du squelette. Des poumons : du poil sur quelque partie du corps	Une colonne vertébrale, faisant la base d'un squelette articulé.	Cœur à deux ventricules et le sang chaud. Un cerveau et des nerfs.	
2 Les Oiseaux.....	Ovipares et sans mamelles ; 4 membres articulé dép. du squelette ; des poumons adhérens ; des plumes sur la peau.			Plus de mamelles. Plus de diaphragme complet.
3 Les Reptiles....	Ovipares et sans mamelles ; 4 membres ou 2, ou aucun, dép. du sq. des poumons en tout temps, ou seulement dans le d^er^ âge. Ni poils ni plumes sur la peau.		Cœur à un ventricule et le sang froid. Un cerveau et des nerfs.	Squelette incomplet et dégradé.
4 Les Poissons.....	Ovipares et sans mamelles, des branchies en tout temps ou au moins dans le 1er âge. Des nageoires ; ni poils ni plumes sur la peau.			Plus de bras dépendans du squelette. Plus de larinx, plus de voix.

Classe	Caractères		Système nerveux et circulation	Organes absents
5 LES MOLLUSQUES..	Ovipares, à corps mollasse, non articulé ni annelé, ayant un manteau variable. Des branchies.	Point de colonne vertébrale ; point de véritable squelette.	Un cerveau dans les uns, une moelle alongée dans les autres. Des artères et des veines.	Plus de paupières. Plus de poumons. Plus de vrai squelette.
6 LES ANNELIDES...	Ovipares, à corps mollasse, alongé, annelé, sans pattes articulées, ne subissant point de métamorphose. Des branchies.			
7 LES CRUSTACÉS...	Ovipares, ayant le corps et les membres articulés, la peau crustacée et ne subissant point de métamorphose. Des branchies.			Plus de cœur.
8 LES ARACHNIDES..	Ovipares, ayant en tout temps des pattes articulées, des yeux à la tête, et ne subissant point de métamorphose. Des stigmates et des trachées.		Une moelle longitudinale et des nerfs. Point d'artères ni de veines.	Plus d'artères ni de veines. Plus de glandes conglomérées pour les sécrétions.
9 LES INSECTES.....	Ovipares subissant des métamorphoses, et ayant, dans l'état parfait, des yeux à la tête, six pattes articulées, des stigmates et des trachées.			
10 LES VERS.........	Gemmovipares, à corps mou, régénératif, ne subissant point de métam., n'ayant jamais d'yeux, ni de pattes articulées. Des stigmates.			Plus d'yeux. Plus de langue. Plus de sexe déterminable.
11 LES RADIAIRES....	Gemmovipares, à corps régénératif, dépourvu de tête, d'yeux, de pattes art., et ayant dans ses parties une disp. à la forme rayonnante. Des trachées aquifères.		Aucun organe spécial pour le sentiment, ni pour la circulation. Jamais de tête.	Plus de tête.
12 LES POLYPES....	Gemmipares et fissipares, à corps presque généralement gélatineux, régénératif, et n'ayant aucun organe spécial int. autre qu'un canal intestinal à une seule ouverture. * Dans le d[er] ordre, que le genre *monade* termine, tout organe spécial est anéanti, la génération n'est plus que *fissipare*.			Plus d'organe spécial pour le sentiment, ni pour le mouvement des fluides. Plus de gemme régénérateur. Anéantissement de tout organe particulier.

La série qui constitue l'échelle animale réside dans la distribution des masses, et non dans celle des individus et des espèces.

J'ai déjà dit [1] que par cette graduation nuancée dans la complication de l'organisation, je n'entendois point parler de l'existence d'une série linéaire et régulière considérée dans les espèces et même dans les genres : une pareille série n'existe pas. Mais je parle d'une série assez régulièrement graduée dans les masses principales, c'est-à-dire dans les principaux systêmes d'organisation reconnus, qui donnent lieux aux classes et aux grandes familles observées ; série très-assurément existante, soit dans les animaux, soit dans les végétaux, quoique dans la considération des genres et sur-tout dans celle des espèces, elle soit dans le cas d'offrir en beaucoup d'endroits des ramifications latérales dont les extrémités sont des points véritablement isolés.

Or, quoiqu'on ait nié dans un ouvrage très-moderne, l'existence dans un règne d'une série unique, naturelle, et à la fois graduée dans la composition de l'organisation des êtres qu'elle comprend, série à la vérité formée nécessairement de masses subordonnées les unes aux autres sous le rapport de l'organisation, et non d'espèces ni même de genres considérés isolément ; je demande quel est le Naturaliste instruit qui maintenant voudroit présenter un ordre différent dans le placement des douze classes du règne animal dont je viens de faire l'exposition ? Qui est-ce qui osera assurer que l'ordre que je viens d'indiquer, est un ordre systématique, arbitraire, et qu'il lui faut préférer une disposition qui présente les classes, les ordres et les genres placés dans différens points, soit en manière de réticulation, soit comme ceux d'une carte de géographie ou d'une mappemonde ?

J'ai déjà fait connoître ce que je pensois de cette vue, qui a paru sublime à quelques modernes, et que le professeur Herman avoit essayé d'accréditer. Je ne doute pas qu'à mesure qu'on aura des connoissances plus profondes sur l'organisation des corps vivans, qu'on s'occupera moins exclusivement de la considération des espèces, et qu'on aura plus étudié la nature, cette vue erronée ne soit abandonnée totalement, et même généralement rejetée.

---

(1) *Syst. des animaux sans vertèbres*, p. 16 et 17.

La série unique dont je viens de parler ne peut donc se déterminer que dans le placement des masses, parce que ces masses, qui constituent les classes et les grandes familles, comprennent chacune des êtres dont l'organisation générale est dépendante de tel système particulier d'organes essentiels.

Ainsi, chaque masse distincte a son système particulier d'organes essentiels, et ce sont ces systèmes particuliers qui vont en se dégradant, depuis celui qui présente la plus grande complication, jusqu'à celui qui est le plus simple. Mais chaque organe considéré isolement, ne suit pas une marche aussi régulière dans ses dégradations : il la suit même d'autant moins, qu'il a lui-même moins d'importance.

En effet, les organes de peu d'importance ou non essentiels à la vie, ne sont pas toujours en rapport les uns avec les autres dans leur perfectionnement ou leur dégradation ; en sorte que si l'on suit toutes les espèces d'une classe, on verra que tel organe, dans telle espèce, jouit de son plus haut degré de perfection ; tandis que tel autre organe, qui dans cette même espèce et fort appauvri ou fort imparfait, se trouve très-perfectionné dans telle autre espèce.

Ces variations irrégulières dans le perfectionnement et dans la dégradation des organes non essentiels, tiennent à ce que ces organes sont plus soumis que les autres aux influences des circonstances extérieures ; elles en entraînent de semblables dans la forme et dans l'état des parties les plus externes, et donne lieu à une diversité si considérable et si singulièrement ordonnée des espèces, qu'au lieu de les pouvoir ranger, comme les masses, en une série unique, simple et linéaire, sous la forme d'une échelle régulièrement graduée, ces mêmes espèces forment souvent autour des masses dont elles font partie, des ramifications latérales, dont les extrémités offrent des points véritablement isolés.

Il faut, pour changer chaque système intérieur d'organisation, un concours de circonstances plus influentes et de bien plus longue durée, que pour altérer et modifier les organes extérieurs.

J'observe néanmoins que lorsque les circonstances l'exigent, la nature passe d'un système à l'autre, sans faire de saut, pourvus qu'ils soient voisins. C'est en effet par cette faculté qu'elle est parvenue à les former tous successivement, en procédant du plus simple au plus composé.

Il est si vrai qu'elle a cette faculté, qu'elle passe d'un système à l'autre, non seulement dans deux familles différentes lorsqu'elles sont voisines par leurs rapports, mais encore elle passe d'un système à l'autre dans un même individu.

Les systêmes d'organisation qui admettent pour organe de la respiration des *poumons* véritables, sont plus voisins des systêmes qui admettent des *branchies*, que ceux qui exigent des *trachées*. Ainsi, non seulement la nature passe des branchies aux poumons dans des classes et dans des familles voisines, comme l'indique la considération des poissons et des reptiles ; mais elle y passe même pendant l'existence d'un même individu, qui jouit successivement de l'un et de l'autre systême. On sait que la grenouille dans l'état imparfait de têtard, respire par des branchies, tandis que dans son état plus parfait de grenouille elle respire par des poumons. On ne voit nulle part la nature passer d'un systême à trachées à un systême à poumons.

Il est donc vrai de dire qu'il existe pour chaque règne des corps vivans une série unique et graduée dans la disposition des masses, conformément à la composition croissante de l'organisation, en s'élevant dans le règne animal des animalcules les plus simples jusqu'aux animaux les plus parfaits.

Tel paroît être le véritable ordre de la nature, et tel est effectivement celui que l'observation la plus attentive, et qu'une étude suivie de tous les traits qui caractérisent sa marche, nous offrent évidemment.

Revenons à la simplification croissante de l'organisation, à mesure que l'on procède des animaux les plus parfaits vers ceux qui le sont moins, et considérons sur-tout la manière dont se perd progressivement l'*isolement* en des lieux particuliers des organes essentiels.

On n'a pas fait assez d'attention à la simplification croissante de l'organisation vers l'extrémité de l'échelle, soit animale soit végétale, qui offre les corps vivans les plus simples, et sur-tout on n'en a donné presque aucune à cette observation, qui nous apprend qu'à mesure que l'organisation se simplifie, les organes essentiels cessent d'être isolés, perdent leur centre ou foyer particulier, deviennent peu à peu communs à toutes les parties, sont modifiés dans leur nature, et à la fin disparoissent tout-à-fait.

Lorsque nous avons considéré l'organe de la *circulation* des fluides, que l'on sait être si perfectionné dans les animaux à mamelles, et dont le *cœur* en est le foyer isolé ; nous l'avons vu se dégrader d'abord dans son foyer avec beaucoup de diversité, ensuite dans les autres parties qui s'y rapportent, ainsi que dans les fluides qu'il fait mouvoir, et nous perdons entièrement cet organe long-temps avant d'être parvenus à l'autre extrémité de l'échelle animale.

Nous observons la même chose à l'égard de l'organe de la *respiration* qui, très-isolé dans les animaux les plus parfaits, y est connu sous le nom de *poumon*. Nous l'avons vu se dégrader peu à peu dans chaque masse ou dans chaque système, se transformer en *branchies*, puis en *trachées aériennes*, qui se répandent par-tout, puis en trachées aquifères, puis enfin disparoître totalement, n'étant sans doute suppléé que par des pores qui absorbent l'eau.

La même chose se rend singulièrement remarquable dans l'organe du sentiment, dont le *cerveau* est le foyer, et qu'on sait être si compliqué et si perfectionné dans l'homme. Ce foyer se dégrade aussi bientôt de diverses manières, s'évanouit ensuite, et est remplacé par des ganglions médullaires, qui à la fin disparoissent eux mêmes, ainsi que les faisceaux et les filets nerveux. Les derniers ordres du règne animal ne nous offrent plus en effet la moindre trace de cet organe.

Tous les autres organes sont dans le même cas, en sorte que ceux de la *génération*, qui ont tant d'importance pour la nature, n'en sont pas même exceptés.

Dans les animaux à mamelles, et qui sont les plus parfaits, nous voyons une génération sexuelle constituant des *vivipares*; une succession immédiate du mouvement vital dans l'embryon à la fécondation qu'il vient de recevoir; une nutrition du *fœtus* pendant ses premiers développemens, aux dépens de la substance de la mère, avec laquelle il ne cesse de communiquer jusqu'à sa naissance.

Cette génération, qui ne se retrouve plus dans aucun des degrés inférieurs, est remplacée par la génération sexuelle dite *ovipare*, dans laquelle on remarque un intervalle entre l'acte de la fécondation de l'embryon, et le premier mouvement vital que l'*incubation* lui communique. Il est bon de remarquer que dans les ovipares aucun des organes de la fécondation n'est en saillie au-dehors, comme cela a lieu dans celle des animaux du premier rang.

Dans les degrés inférieurs, on voit à la génération des *ovipares* succéder une génération dans laquelle aucun vestige de fécondation, ni aucune apparence d'organes sexuels ne se manifestent. Je l'ai nommée génération des *gemmovipares*, parce qu'elle paroît constituer des *gemmipares internes*, c'est-à-dire qui offrent des gemmes internes, ressemblant à des œufs [1]. Or, l'existence bien constatée des *gemmipares externes* dans les polypes, rend très-probable celle des *gemmipares internes*, comme passage ou achemineme̱nt de la nature, qui tend à créer la génération sexuelle des *ovipares*.

Ainsi dans les degrés les plus bas, la nature supplée à l'appauvrissement de ses moyens pour la génération par des bourgeons ou des gemmes qui n'exigent plus de fécondation, et qui résultent d'une faculté régénératrice également répandue dans toutes les parties de l'animal.

A la fin des scissions de parties, qu'elle-même effectue, deviennent dans ses mains le moyen qu'elle est forcée d'employer, pour multiplier les individus parmi les corps vivans les plus simplement organisés.

Nous avons considéré les choses en suivant un ordre inverse à celui de la nature; mais si on les considère en prenant l'ordre opposé, c'est-à-dire en partant du plus simple pour s'élever graduellement jusqu'aux objets les plus composés, qui est-ce qui ne voit pas dans les faits que je viens de citer les résultats très-marqués de la tendance du *mouvement organique*, à développer et composer l'organisation, et en même temps celle qu'il a à réduire en fonctions particulières à certaines parties, les fonctions qui furent originairement, c'est-à-dire dans les corps vivans les plus simples, des facultés générales et communes à tous les points du corps de l'individu ?

Je reprends maintenant l'examen de l'échelle animale, et je dis qu'en s'élevant sur cette échelle depuis l'animalcule le plus simplement organisé et le plus pauvre en facultés, jusqu'à l'animal le plus riche en facultés et en organisation, on se conforme à la marche qu'a suivie la nature dans la formation de toutes ses productions vivantes.

Pour que l'on puisse saisir le fondement de cette assertion, il convient de faire remarquer d'abord tout ce qui résulte de la proposition suivante, et tout ce qui la fonde.

---

(1) Dans les végétaux, les prétendues graines des *champignons*, des *algues*, et vraisemblablement des *mousses* et des *fougères*, ne sont que des gemmules ou des corpuscules reproductifs, qui n'ont besoin d'aucune fécondation pour se former et reproduire un végétal semblable à celui d'où ils proviennent.

Dans les végétaux imparfaits, comme dans les animaux imparfaits ou le plus simplement organisés, le plan de la nature est constamment le même.

Ce ne sont pas les organes, c'est-à-dire la nature et la forme des parties du corps d'un animal, qui ont donné lieu à ses habitudes et à ses facultés particulières ; mais ce sont au contraire ses habitudes, sa manière de vivre, et les circonstances dans lesquelles se sont rencontrés les individus dont il provient, qui ont avec le temps constitué la forme de son corps, le nombre et l'état de ses organes, enfin les facultés dont il jouit.

Que l'on pèse bien cette proposition, et qu'on y rapporte toutes les observations que la nature et l'état des choses nous mettent sans cesse dans le cas de faire ; alors son importance et sa solidité deviendront pour nous de la plus grande évidence.

Si l'on considère, comme je l'ai dit ailleurs, la diversité des formes, des masses, des grandeurs et des caractères que la nature a donnés à ses productions ; la variété des organes et des facultés dont elle a enrichi les êtres qu'elle a doués de la vie ; on ne peut s'empêcher d'admirer les ressources infinies que l'*Auteur suprême* de son existence lui a données pour arriver à son but.

On apperçoit en effet que l'extrême multiplicité de ces ressources naît elle-même de la diversité inexprimable des situations et des circonstances qui, dans tous les points de la surface du globe, influent avec le temps sur chaque corps doué de la vie, et le constituent dans l'état où il se trouve. Cette diversité dans les formes, dans le nombre et le développement des organes ainsi que des facultés, est si considérable, qu'il semble que tout ce qu'il est possible d'imaginer ait effectivement lieu ; que toutes les formes, toutes les facultés et tous les modes aient été épuisés dans la formation et la composition de cette immense quantité de productions naturelles qui existent. Au reste, si l'on examine avec attention les moyens que la nature paroît employer pour cet objet, l'on sentira que leur puissance et leur fécondité ont pu suffire pour produire tous les effets dont il s'agit.

Du temps et des circonstances favorables, sont, comme je l'ai déjà dit, les deux principaux moyens qu'emploie la nature pour donner l'existence à toutes ses productions. On sait que le temps n'a point de limite pour elle, et qu'en conséquence elle l'a toujours à sa disposition.

Quant aux circonstances dont elle a eu besoin et dont elle se sert encore chaque jour pour varier tout ce qu'elle continue de produire, on peut dire qu'elles sont en quelque sorte inépuisables pour elle.

Les principales naissent de l'influence des climats; de celle des diverses températures de l'atmosphère et de tous les milieux environnans; de celle de la diversité des lieux et de leur situation; de celle des habitudes, des mouvemens les plus ordinaires, des actions les plus fréquentes; enfin de celle des moyens de se conserver, de la manière de vivre, de se défendre, de se multiplier, &c.

Or, par suite de ces influencees diverses, les facultés s'étendent et se fortifient par l'usage, se diversifient par les nouvelles habitudes long-temps conservées, et insensiblement la conformation, la consistance, en un mot, la nature et l'état des parties ainsi que des organes, participent des suites de toutes ces influences, se conservent et se propagent par la génération. *Systême des animaux sans vertèbres*, p. 13.

Ces vérités, dont vous trouverez quelques traces succinctement énoncées dans mon systême *des animaux sans vertèbres*, et qu'à force d'observations je suis parvenu à reconnoître, sont, dans tous les cas, éminemment confirmées par les faits; elles indiquent clairement la marche de la nature dans la diversité de ses productions.

Il m'est aisé de faire voir que l'habitude d'exercer un organe, dans tout être vivant qui n'a point atteint le terme de la diminution de ses facultés, non seulement perfectionne cet organe, mais même lui fait acquérir des développemens et des dimensions qui le changent insensiblement; en sorte qu'avec le temps, elle le rend fort différent du même organe considéré dans un autre être vivant qui ne l'exerce point ou presque point. Il est aussi très-facile de prouver que le défaut constant d'exercice d'un organe, l'appauvrit graduellement et finit par l'anéantir.

Si, à deux enfans nouveaux nés et de sexes différens, l'on masquoit l'œil gauche pendant le cours de leur vie: si ensuite on les unissoit ensemble, et l'on faisoit constamment la même chose à l'égard de leurs enfans, ne les unissant jamais qu'entre eux, je ne doute pas qu'au bout d'un grand nombre de générations, l'œil gauche chez eux ne vînt à s'oblitérer naturellement, et insensiblement à s'effacer. Par la suite même d'un temps énorme, les circonstances nécessaires restant les mêmes, l'œil droit parviendroit petit à petit à se déplacer.

Mettons cela en évidence par la citation de faits connus.

Des yeux à la tête sont une partie essentielle du systême d'organisation des mammaux.

Cependant la taupe, qui par ses habitudes fait très-peu d'usage de la vue, n'a que des yeux très-petits et à peine apparens, parce qu'elle exerce très-peu cet organe.

L'*aspalax* d'Olivier (Bulletin des sc. n°. 38, p. 105), qui vit sous terre comme la taupe, et qui vraisemblablement s'expose encore moins qu'elle à la lumière du jour, a totalement perdu l'usage de la vue. Aussi n'offre-t-il plus que des vestiges de l'organe qui en est le siége ; et encore ces vestiges sont tout-à-fait cachés sous la peau et sous quelques autres parties qui les recouvrent et ne laissent plus le moindre accès à la lumière. En revanche, le besoin d'entendre ayant contraint ce petit animal à exercer continuellement son ouïe, a fortement agrandi en lui l'appareil intérieur de cet organe.

Il entre dans le système d'organisation des *mammaux* d'avoir des mâchoires armées de dents pour exécuter la mastication. Cependant qu'un animal de ce rang prenne l'habitude, par des circonstances déterminantes, d'avaler sa nourriture sans jamais exercer de mastication, la continuité de cette habitude conservée dans toute sa race, fera perdre les dents à tous les individus qui la composent, et l'animal dont il est question sera, comme nous voyons le fourmilier (*myrmecophaga*), entièrement dépourvu de dents.

C'est aussi parce que les *oiseaux* ne mâchent réellement pas, les uns avalant leur nourriture qu'ils saisissent avec leur bec, et les autres la divisant par un seul effort sans broiement, que les animaux de cette classe ont tous des mandibules privées de dents à alvéoles.

L'on vient de voir que le défaut d'emploi d'un organe qui devroit exister, le modifie, l'appauvrit, et finit par l'anéantir.

Je vais maintenant démontrer que l'emploi continuel d'un organe, avec des efforts faits pour en tirer un grand parti dans des circonstances qui l'exigent, fortifie, étend et agrandit cet organe, ou en crée de nouveaux, qui peuvent exercer des fonctions devenues nécessaires.

L'oiseau que le besoin attire sur l'eau pour y trouver la proie qui le fait vivre, écarte les doigts de ses pieds lorsqu'il veut frapper l'eau et se mouvoir à sa surface. La peau qui unit ces doigts à leur base, contracte par ces écartemens sans cesse répétés des doigts, l'habitude de s'étendre. Ainsi avec le temps, les larges membranes qui unissent les doigts des canards, des oies, &c. se sont formées telles que nous le voyons. Les mêmes efforts faits pour nager, c'est-à-dire, pour pousser l'eau afin d'avancer et de se mouvoir dans ce liquide, ont étendu de même les membranes qui sont entre les doigts des grenouilles, des tortues de mer, &c.

Au contraire l'oiseau que sa manière de vivre habitue à se poser sur les arbres, et qui provient d'individus qui avoient tous contracté cette habitude, a nécessairement les doigts des pieds plus alongés, et conformés d'une autre manière que ceux des animaux aquatiques que je viens de citer. Ses ongles avec le temps se sont alongés, aiguisés et courbés en crochet pour embrasser les rameaux sur lesquels l'animal se repose si souvent.

De même l'on sent que l'oiseau de rivage, qui ne se plaît point à nager, et qui cependant a besoin de s'approcher des bords de l'eau pour y trouver sa proie, sera continuellement exposé à s'enfoncer dans la vase. Or, cet oiseau voulant faire en sorte que son corps ne plonge pas dans le liquide, fait tous ses efforts pour étendre et alonger ses pieds. Il en résulte que la longue habitude que cet oiseau et tous ceux de sa race contractent d'étendre et d'alonger continuellement leurs pieds, fait que les individus de cette race se trouvent élevés comme sur des échasses, ayant obtenu peu à peu de longues pattes nues, c'est-à-dire, dénuées de plumes jusqu'aux cuisses et souvent au-delà : *Système des animaux sans vertèbres, p. 14.*

L'on sent encore que le même oiseau voulant pêcher sans mouiller son corps, est obligé de faire de continuels efforts pour alonger son col. Or, les suites de ces efforts habituels dans cet individu et dans ceux de sa race, ont dû avec le temps lui alonger singulièrement le col ; ce qui est en effet constaté par le long col de tous les oiseaux de rivage.

Si quelques oiseaux nageurs, comme le cygne et l'oie, et dont les pattes sont courtes, ont néanmoins un col fort alongé, c'est que ces oiseaux, en se promenant sur l'eau, ont l'habitude de plonger leur tête dans l'eau aussi profondément qu'ils peuvent, pour y prendre des larves aquatiques et différens animalcules dont ils se nourrissent, et qu'ils ne font aucun effort pour alonger leurs pattes.

Qu'un animal, pour satisfaire à ses besoins, fasse des efforts répétés pour alonger sa langue, elle acquerra une longueur considérable ; qu'il ait besoin de saisir quelquechose avec ce même organe, alors sa langue se divisera et deviendra fourchue. Celle des oiseaux-mouches, &c. offre une preuve de ce que j'avance.

Le quadrupède à qui les circonstances ont depuis long-temps donné, ainsi qu'à ceux de sa race, l'habitude de brouter l'herbe, et de marcher ou de courir simplement sur la terre, a une corne épaisse qui enveloppe l'extrémité des doigts de ses pieds. Comme ils servent peu, la plupart d'entre eux se raccourcissent, s'effacent et disparoissent.

Au lieu que celui que d'autres circonstances ont forcé, ainsi que toute sa race, soit à grimper, soit à vivre de chair, et pour cela à attaquer et mettre à mort sa proie, a eu besoin continuellement d'enfoncer l'extrémité de ses doigts dans l'épaisseur des corps qu'il veut saisir. Or, cette habitude, en favorisant la séparation de ses doigts, lui a graduellement formé les griffes dont nous les voyons armés.

Il y a plus, celui que le besoin, et conséquemment que l'habitude de déchirer avec ses griffes, a mis dans le cas tous les jours de les enfoncer profondément dans le corps d'un autre animal, afin de s'y accrocher et ensuite de faire effort pour arracher la partie saisie, a dû, par ces efforts répétés, procurer à ces griffes, une grandeur et une courbure qui l'eussent ensuite beaucoup gêné pour marcher ou courir sur les sols pierreux. Il est arrivé dans ce cas que l'animal a été obligé de faire d'autres efforts pour retirer en arrière ces griffes trop saillantes et crochues qui le gênoient; et il en est résulté, petit à petit, la formation de ces gaînes particulières dans lesquelles les chats, les tigres, les lions, &c. retirent leurs griffes lorsqu'ils ne s'en servent point.

Ainsi, les efforts dans un sens quelconque, long-temps soutenus ou habituellement faits par certaines parties d'un corps vivant, pour satisfaire des besoins exigés par la nature ou par les circonstances, étendent ces parties et leur font acquérir des dimensions et une forme qu'elles n'eussent jamais obtenues, si ces efforts ne fussent point devenus action habituelle des animaux qui les ont exercés. Les observations faites sur tous les animaux connus, en fournissent par-tout des exemples.

Lorsque la volonté détermine un animal à une action quelconque, les organes qui doivent exécuter cette action y sont aussi-tôt provoqués par l'affluence de fluides subtils qui y deviennent la cause déterminante des mouvemens qu'exige l'action dont il s'agit. Une multitude d'observations constatent ce fait, qu'on ne sauroit maintenant révoquer en doute.

Il en résulte que des répétitions multipliées de ces actes d'organisation, fortifient, étendent, développent et même créent les organes qui y sont nécessaires. Il ne faut qu'observer attentivement ce qui se passe par-tout à cet égard, pour se convaincre du fondement de cette cause des développemens et des changemens organiques.

Or, chaque changement acquis dans un organe par une habitude d'emploi suffisante pour l'avoir opéré, se conserve ensuite par la génération, s'il est commun aux individus qui dans la fécondation concourent ensemble à la reproduction de leur espèce. Enfin ce changement se propage et passe ainsi dans tous les individus qui se succèdent et qui sont soumis aux mêmes circonstances, sans qu'ils aient été obligés de l'acquérir par la voie qui l'a réellement créé.

Au reste, dans les réunions reproductives, les mélanges entre des individus qui ont des qualités ou des formes différentes, s'opposent nécessairement à la propagation constante de ces qualités et de ces formes. Voilà ce qui, dans l'homme qui est soumis à tant de circonstances diverses qui influent sur les individus, empêche que les qualités ou les défectuosités accidentelles qu'ils ont été dans le cas d'acquérir, se conservent et se propagent par la génération.

Vous concevez maintenant tout ce qu'avec un pareil moyen, et une inépuisable diversité de circonstances, la nature, par la suite des temps, a pu et a dû produire.

Si je voulois ici passer en revue toutes les classes, tous les ordres, tous les genres et toutes les espèces des animaux qui existent, je pourrois vous faire voir que la conformation des individus et de leurs parties ; que leurs organes, leurs facultés, &c. &c. sont uniquement le résultat des circonstances dans lesquelles chaque espèce et toute sa race s'est trouvée assujetie par la nature, et des habitudes que les individus de cette espèce ont été obligés de contracter.

Les influences des localités et des températures sont si frappantes, que les Naturalistes n'ont pu s'empêcher d'en reconnoître les effets sur l'organisation, les développemens et les facultés des corps vivans qui y sont assujétis.

On savoit depuis long-temps que les animaux qui habitent la zone torride, sont fort différens de ceux qui vivent dans les autres zones. Buffon fit en outre remarquer que, même dans des latitudes à-peu-près égales, les animaux du nouveau continent n'étoient pas les mêmes que ceux de l'ancien.

Enfin, le C. Lacépede voulant donner à cette considération bien fondée, la précision dont il la crut susceptible, a tracé vingt-six divisions zoologiques sur les parties sèches du globe, et huit autres parmi l'étendue des eaux. Mais il y a bien d'autres influences que celles qui dépendent des localités et des températures.

Tout concourt donc à prouver mon assertion : savoir que ce n'est point la forme, soit du corps, soit de ses parties, qui donne lieu aux habitudes, et à la manière de vivre des animaux ; mais que ce sont au contraire les habitudes, la manière de vivre et toutes les autres circonstances influentes qui ont avec le temps constitué la forme du corps et des parties des animaux. Avec de nouvelles formes, de nouvelles facultés ont été acquises, et peu à peu la nature est parvenue à l'état où nous la voyons actuellement.

Peut-il y avoir en Histoire naturelle une considération plus importante et à laquelle on doive donner plus d'attention que celle que je viens d'exposer ? Et, comme dans l'instant je viens de faire voir qu'il existe parmi les animaux un ordre fortement prononcé, montrant une diminution graduée dans la composition de l'organisation ainsi que dans le nombre des facultés animales, qui est-ce qui ne pressent pas maintenant la marche qu'a tenue la nature dans la formation de ces êtres vivans ? qui est-ce ensuite qui n'apperçoit pas les causes de la production et des développemens des divers organes de ces êtres, et qui ne voit pas celles de leur multiplicité toujours croissante par la diversité des circonstances et toujours conservée et propagée par la génération ?

Enfin, comme c'est uniquement à cette extrémité du règne animal où se trouvent les animaux le plus simplement organisés, qu'on rencontre ceux qui peuvent être regardés comme les véritables ébauches de l'animalité, et qu'il en est de même à l'extrémité semblable de la série des végétaux ; qui est-ce qui ne sent pas que c'est par cette extrémité de l'échelle, soit animale, soit végétale, que la nature a commencé et recommence sans cesse les premières ébauches de ses productions vivantes ? Qui est-ce en un mot qui ne voit pas que le perfectionnement de celles de ces premières ébauches que les circonstances auront favorisé, aura de proche en proche, et par suite des temps, donné lieu à tous les degrés du perfectionnement et de la composition de l'organisation, d'où sera résultée cette multiplicité et cette diversité d'êtres vivans de tous les ordres, dont la surface extérieure de notre globe est presque par-tout remplie ou couverte.

En effet, si l'usage de la vie tend à développer l'organisation, et même à composer et à multiplier les organes, comme le prouve l'état d'un animal qui vient de naître, comparé à celui où il se trouve lorsqu'il a atteint le terme où ses organes (commençant à se détériorer, cessent d'exécuter de nouveaux développemens ;

Si ensuite chaque organe particulier reçoit des changemens remarquables, selon qu'il est plus exercé et selon la manière dont il l'est, comme je vous en ai montré des exemples ; vous concevez qu'en vous reportant à l'extrémité de la chaîne animale où se trouvent les organisations les plus simples, et qu'en considérant parmi ces organisations celles dont la simplicité a pu être si grande, qu'elle s'est trouvée à la portée de la puissance créatrice de la nature ; alors cette même nature, c'est-à-dire, l'état des choses qui existent a pu former directement les premières ébauches de l'organisation ; elle a pu ensuite par l'emploi de la vie et à l'aide des circonstances qui favorisent sa durée, perfectionner progressivement son ouvrage, et l'amener au point où nous le voyons maintenant.

Le temps me manque pour vous présenter la suite des résultats de mes recherches sur cette matière intéressante, et pour vous développer,

1°. Ce que c'est réellement que la *vie*.

2°. Comment la nature crée elle-même les premiers traits de l'organisation dans des masses appropriées où il n'en existoit pas.

3°. Comment le mouvement organique ou vital est par elle excité et entretenu à l'aide d'une cause stimulante et active qu'elle a abondamment à sa disposition dans certains climats et dans certaines saisons de l'année.

4°. Enfin comment ce mouvement organique, par l'influence de sa durée et par celle de la multitude de circonstances qui modifient ses effets, développe, compose et complique graduellement les organes des corps vivans qui en jouissent.

Telle a été sans doute la volonté de la sagesse infinie qui règne sur toute la nature ; et tel est effectivement l'ordre des choses clairement indiqué par l'observation de tous les faits qui s'y rapportent.

Fin du discours d'ouverture, et de la première partie de ces recherches.

APPENDICE

Des espèces parmi les corps vivans.

J'AI long-temps pensé qu'il y avoit des *espèces* constantes dans la nature, et qu'elles étoient constituées par les individus qui appartiennent à chacune d'elles.

Maintenant je suis convaincu que j'étois dans l'erreur à cet égard, et qu'il n'y a réellement dans la nature que des individus.

L'origine de cette erreur, que j'ai partagée avec beaucoup de Naturalistes, qui même y tiennent encore, vient de la *longue durée*, par rapport à nous, *du même état de choses* dans chaque lieu qu'habite chaque corps vivant; mais cette durée du même état de choses pour chaque lieu, a un terme, et avec beaucoup de temps il se fait des mutations dans chaque point de la surface du globe, qui changent pour les corps vivans qui l'habitent tous les genres de circonstances.

En effet, on peut maintenant assurer que rien n'est constamment dans le même état à la surface du globe terrestre. Tout avec le temps y subit des mutations diverses, plus ou moins promptes, selon la nature des objets et des circonstances. Les lieux élevés constamment se dégradent, et tout ce qui s'en détache est entraîné vers les lieux bas. Les lits des rivières, des fleuves, des mers même, insensiblement se déplacent ainsi que les climats (1); en un mot, tout à la surface de la terre y change peu à peu de situation, de forme, de nature et d'aspect. Voilà ce que de toute part les faits recueillis attestent: il ne faut qu'observer et y donner de l'attention pour s'en convaincre.

Or si, relativement aux êtres vivans, la diversité des circonstances amène pour eux une diversité d'habitude, un mode différent d'exister, et par suite des modifications dans leurs organes et dans les formes de leurs parties, on doit sentir qu'insensiblement tout

---

(1) J'en ai cité des preuves incontestables dans mon HYDROGÉOLOGIE, et j'ai la conviction qu'un jour l'on sera forcé de reconnoître ces grandes vérités.

corps vivant quelconque doit varier dans son organisation et dans ses formes.

Toutes les modifications que chaque corps vivant aura éprouvées par suite des mutations de circonstances qui auront influé sur son être, se propageront sans doute par la génération. Mais comme de nouvelles modifications continueront nécessairement de s'opérer, quelle qu'en soit la lenteur, non seulement il se formera toujours de nouvelles espèces, de nouveaux genres, et même de nouveaux ordres; mais chaque espèce variera elle-même dans quelque partie de son organisation et de ses formes.

Je sais très-bien que pour nous l'apparence doit présenter à cet égard une *stabilité* que nous croirons constante, quoiqu'elle ne le soit pas véritablement; car un assez grand nombre de siècles peuvent être une durée insuffisante pour que les mutations dont je parle soient assez fortes pour que nous puissions nous en appercevoir. Ainsi l'on dira que le flammant (*phœnicopterus*) a toujours eu d'aussi longues jambes et un aussi long cou que l'ont ceux que nous connoissons; enfin, l'on dira que tous les animaux dont on nous a transmis l'histoire depuis deux ou trois mille ans, sont toujours les mêmes, et n'ont rien perdu ni rien acquis dans le perfectionnement de leurs organes et dans la forme de leurs parties. On peut donc assurer que cette apparence de *stabilité* des choses dans la nature sera toujours prise pour une réalité par le vulgaire des hommes, parce qu'en général on ne juge de tout que relativement à soi.

Mais, je le répète, cette considération qui a donné lieu à l'erreur admise, prend sa source dans la très-grande lenteur des mutations qui s'opèrent. Un peu d'attention donnée aux faits que je vais citer, mettront mon assertion dans la plus grande évidence.

Ce que la nature fait avec beaucoup de temps, nous le faisons tous les jours, en changeant subitement nous-mêmes, par rapport à un corps vivant, les circonstances dans lesquelles lui et tous les individus de son espèce se rencontroient.

Tous les Botanistes savent que les végétaux qu'ils transportent de leur lieu natal dans les jardins pour les cultiver, y subissent peu à peu des changemens qui les rendent à la fin méconnoissables. Beaucoup de plantes, très-velues naturellement, y deviennent glabres ou à-peu-près; quantité de celles qui étoient couchées et traînantes, y voient redresser leur tige; d'autres y perdent leurs épines ou leurs aspérités; enfin, les dimensions des parties y subissent des changemens que les circonstances de leur nouvelle situation opèrent immanquablement. Cela est tellement reconnu, que les Botanistes n'aiment point à les décrire, à moins qu'elles ne soient nouvellement cultivées. Le froment (*triticum sativum*) n'est-il pas un végétal amené par l'homme à l'état où nous le voyons actuellement, ce qu'autrefois je ne pouvois croire ? Qu'on me dise maintenant dans quel lieu son semblable habite dans la nature.

A ces faits connus je vais en ajouter d'autres plus remarquables encore, et qui confirment combien le changement de circonstances influe pour changer les parties des corps vivans.

Lorsque le *ranunculus aquatilis* habite dans des eaux profondes, tout ce que peut faire son accroissement, c'est de faire arriver l'extrémité de ses tiges à la surface de l'eau, où elles fleurissent. Alors la totalité des feuilles de la plante n'en offre que de finement découpées (1). Si la même plante se trouve dans des eaux qui ont peu de profondeur, l'accroissement de ses tiges peut leur donner assez d'étendue pour que les feuilles supérieures se développent hors de l'eau ; alors ses feuilles inférieures seulement seront partagées en découpures capillaires, tandis que les supérieures seront simples, arrondies et un peu lobées (2). Ce n'est pas tout, lorsque les graines de la même plante tombent dans quelque fossé où il ne se trouve plus que l'eau ou l'humidité nécessaire pour les faire germer ; la plante développe toutes ses feuilles dans l'air, et alors aucune d'elles n'est partagée en découpures capillaires, ce qui donne lieu au *ranunculus hederaceus*, que les Botanistes regardent comme une espèce.

Une autre preuve bien frappante de l'effet d'un changement de circonstance sur un végétal qui s'y trouve soumis, est la suivante.

On a observé que lorsqu'une touffe de *juncus Bufonius*, se trouve tout-à-fait contiguë d'un côté à l'eau d'un fossé ou d'une mare, cette plante pousse alors des tiges filiformes qui se couchent dans l'eau, s'y déforment, y deviennent traçantes, prolifères, et très-différentes de celles du *juncus Bufonius* qui croît hors de l'eau. Cette plante modifiée par la circonstance que je viens d'indiquer, a été prise pour une espèce ; c'est le *juncus supinus* de Rotte (3).

---

(1) *Ranunculus aquaticus capillaceus*. Tournef., p. 291.
(2) *Ranunculus aquaticus, folio rotund et capillaceo*. Tournef. p. 291
(3) *Gramen junceum*, &c. Moris. hist. 3, sec. 8, t. 9, f. 4.

Que de citations je pourrois faire pour prouver que les changemens de circonstances relativement aux corps vivans changent nécessairement les influences qu'ils éprouvent de la part de tout ce qui les environne ou qui agit sur eux, et opèrent aussi nécessairement des mutations dans leur grandeur, leur forme, leurs organes divers.

Ainsi, parmi les corps vivans, la nature pour moi n'offre d'une manière absolue que des individus qui succèdent les uns aux autres par la génération.

Cependant pour faciliter l'étude et la connoissance de ces corps, je donne le nom d'*espèce* à toute collection d'individus qui, pendant une longue durée, se ressemblent tellement par toutes leurs parties comparées entr'elles, que ces individus ne présentent que de petites différences accidentelles, que, dans les végétaux, la reproduction par graines fait disparoître.

Mais, outre qu'à la suite de beaucoup de temps, la totalité des individus de telle espèce change comme les circonstances qui agissent sur elle, ceux de ces individus qui, par des causes particulières, sont transportés dans des situations très-différentes de celles où se trouvent encore les autres, et y éprouvent constamment d'autres influences; ceux-là, dis-je, prennent de nouvelles formes par suite d'une longue habitude de cette autre manière d'être, et alors ils constituent une nouvelle *espèce*, qui comprend tous les individus qui se trouvent dans la même circonstance. Voilà le tableau fidèle de ce qui se passe à cet égard dans la nature, et de ce que l'observation de ses actes a pu seule nous découvrir.

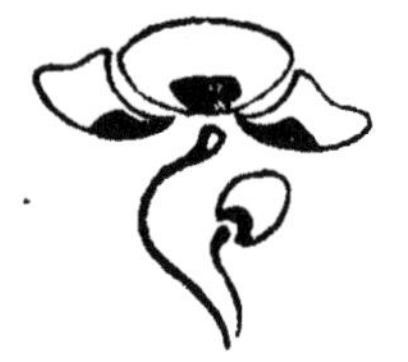

DISCOURS D'OUVERTURE

D'UN

COURS DE ZOOLOGIE

Prononcé en prairial an 11 au Muséum d'Histoire naturelle;

SUR LA QUESTION,

Qu'est-ce que l'espèce parmi les corps vivans ?

Citoyens,

En suivant le Cours de Zoologie des animaux sans vertèbres que je vais donner dans cette enceinte, vous vous proposez sans doute de vous former une idée de l'immense série d'animaux singuliers qui composent cette grande division du Règne animal; de mesurer son étendue, comparativement à celle des autres parties de la Zoologie; de bien connoître les coupes diverses que les naturalistes, à force d'observations et de recherches, sont parvenus à former, et, pour ainsi dire, à détacher ou isoler de distance en distance dans l'étendue de cettte admirable série; enfin de prendre connoissance des caractères généraux et particuliers que l'on emploie pour distinguer tant d'animaux divers.

Mais votre but sûrement n'est pas de vous borner à l'étude de la multitude énorme de caractères différens qui servent à la distinction de ces animaux; de vous épuiser en quelque sorte, en dirigeant uniquement votre attention sur les détails infinis et trop souvent minutieux dans lesquels on a été forcé d'entrer pour établir des distinctions si multipliées ; en un mot, de consumer tout votre temps et vos forces à fixer dans votre mémoire, l'immense et variable nomenclature de cette prodigieuse quantité d'animaux que l'on distingue en un nombre illimité d'espèces, et dont il suffit que la détermination soit fixée dans les livres.

Une vue plus digne de vous, plus grande et plus favorable à l'instruction que vous recherchez, vous entraîne vraisemblablement, et peut seule vous soutenir dans la longue étude que vous allez entreprendre : c'est la nature même qu'à l'aide de tant de considérations vous voulez connoître ; c'est sa marche admirable et constante que vous cherchez principalement à saisir ; et de-là, reployant bientôt vos idées sur ce qui appartient à l'industrie humaine, ainsi que sur les moyens que le génie de l'homme lui a suggérés pour se reconnoître au milieu du dédale des productions si multipliées et si diversifiées de la nature, vous ne confondrez point son ouvrage avec celui de l'art. Vous pourrez descendre et vous enfoncer dans l'étude des classes, des ordres, des genres, et même des espèces les plus intéressantes, parce que cela vous sera utile ; mais vous n'oublierez jamais que toutes ces divisions, dont on ne sauroit se passer, sont factices, et que la nature n'en reconnoît aucune.

Dans le Discours d'ouverture de mon Cours de l'année dernière, voulant contribuer à élever vos vues et à les porter vers l'étude même de la nature, au lieu de les resserrer dans la simple considération des distinctions établies, et voulant vous montrer ce que j'ai pu saisir de sa marche constante, j'essayai de vous convaincre que c'est uniquement dans l'organisation même des animaux qu'il faut aller chercher le fondement des rapports naturels qui rapprochent certains d'entr'eux les uns des autres, et qui, par des différences de divers ordres, en écartent proportionnellement les autres.

J'essayai de vous exposer les différens systêmes d'organisation qu'on remarque dans l'étendue du Règne animal, et qui semblent plus ou moins isolés les uns des autres, par l'effet même des bornes de nos connoissances sur la totalité des animaux qui existent, quoique ces systêmes d'organisation se nuancent réellement et se confondent en quelque sorte, en formant une série parfaitement simple, graduée, mais irrégulière.

Enfin, j'essayai de vous démontrer, par la citation des faits les plus connus de l'organisation des animaux, que l'énorme série d'animaux qu'a produit la nature, présente depuis celle de ses extremités où se placent les animaux les plus parfaits, jusqu'à celle qui comprend les plus imparfaits ou les plus simples de ces corps vivans, une dégradation évidente, mais irrégulièrement nuancée dans la composition de l'organisation.

Aujourd'hui, après vous avoir rappelé quelques-unes des considérations essentielles qui font la base de cette grande vérité ; après vous avoir montré les principaux moyens dont la nature dispose pour opérer ses innombrables productions et les varier à l'infini ; enfin, après vous avoir fait sentir que dans l'emploi qu'elle fait de sa puissance génératrice et multiplicatrice des corps vivans, elle procède nécessairement du plus simple vers le plus composé, compliquant insensiblement l'organisation de ces corps, ainsi que la composition de leur substance, tandis que dans celui qu'elle en fait sur les corps non vivans, elle s'occupe sans relâche de la destruction de toute organisation et de toute combinaison préexistante (1) ; j'entreprendrai d'examiner sur vos yeux cette grande question d'histoire naturelle,

Qu'est-ce que l'*espèce* parmi les corps vivans ?

Lorsque l'on considère la série d'animaux différens que comprend le Règne animal par l'extrémité qui présente les animaux les plus

---

(1) Il m'est démontré, par l'observation des faits qui se passent constamment et partout sous nos yeux, que, rélativement aux corps privés de la vie ou qui n'en jouissent plus, la nature, par sa puissance, c'est-à-dire par celle de l'état des choses, altère sans cesse les molécules intégrantes de ces corps, change peu à peu l'état de combinaison de leur substance, ainsi que les proportions de leurs principes combinés, de manière qu'elle en dégage successivement des portions, jusqu'à ce qu'elle les ait tous réduits à l'état de liberté dont ils jouissoient avant d'avoir subi les liens de la combinaison.

Les changemens successifs que l'on voit s'opérer dans les corps qui ne jouissent point de la vie, et qui sont lents ou prompts selon la nature de ces corps et des circonstances de leur situation, sont attribués, par les savans de ce siècle, au pouvoir de ce qu'ils nomment les *affinités* : en sorte qu'à l'aide d'une théorie extrêmement ingénieuse, ils s'efforcent de rendre raison de tous les phénomènes qui se rapportent à ces changemens.

Je crois néanmoins que la source de ces phénomènes tient à un principe plus simple, plus général, et bien moins hypothétique, qu'on n'a pas saisi.

J'ai publié, à cet égard, ce que j'ai apperçu ; et déjà les faits connus de tous les ordres s'y rapportent si généralement, qu'il seroit actuellement très-difficile d'y comparer, avec le moindre avantage, toute autre vue qui s'en écarteroit. *Voyez* mes *Mémoires de Physique et d'Hist. naturelle*, p. 316. *Voyez* aussi mon *Hydrogéologie*, 4e Partie, p. 91.

parfaits, les plus riches en facultés, et par conséquent ceux dont l'organisation est la plus compliquée, et qu'ensuite l'on parcourt tous les degrés de cette série en se rapprochant de l'autre extrémité qui la termine, on observe de la manière la plus évidente une *dégradation* soutenue dans la composition de l'organisation, une diminution dans sa complication, dans le nombre des systèmes d'organes dont elle est constituée, enfin dans le nombre des facultés dont jouissent les individus. Cela est incontestable et appuyé sur une multitude de faits qu'attestent les progrès de l'anatomie comparée ; mais on avoit négligé d'y donner de l'attention.

Au contraire, si pour parcourir cette même série l'on part de l'extrémité qui offre les animaux les plus simples en organisation, les plus pauvres en facultés et en organes, en un mot, les plus imparfaits à tous égards, on remarque nécessairement, à mesure qu'on s'élève dans la série, une composition véritablement croissante dans l'organisation de ces différens animaux, et l'on voit successivement les organes et les facultés de ces êtres se multiplier et se diversifier d'une manière extrêmement remarquable.

Ces faits une fois reconnus présentent des vérités en quelque sorte éternelles ; car rien ici n'est le produit de notre imagination ni de nos principes arbitraires : ce que je viens d'exposer ne repose ni sur des systèmes, ni sur aucune hypothèse, ce n'est qu'un résultat très-simple de l'observation de la nature ; aussi je ne crains pas d'avancer que tout ce que l'on pourra imaginer, par des motifs quelconques, pour contredire ces grandes vérités, viendra toujours se briser contre l'évidence des faits dont il s'agit.

A ces faits, il faut ajouter trois considérations bien importantes, que l'observation m'a fait appercevoir, et dont le fondement sera toujours reconnu par ceux qui y donneront de l'attention : les voici.

Premièrement ; l'exercice de la vie, et conséquemment du mouvement organique qui en constitue l'activité, tend sans cesse non-seulement à étendre et à développer l'organisation, mais il tend en outre à multiplier les organes et à les isoler dans des foyers particuliers.

Pour s'assurer si l'exercice de la vie tend à étendre et à développer l'organisation, il suffit de considérer l'état des organes d'un animal qui vient de naître, et de comparer cet état à celui où ils se trouvent lorsque l'animal a atteint le terme où ces organes cessent de recevoir de nouveaux développemens. Alors on sentira combien est fondée cette loi de l'organisation que j'ai publiée dans mes *Recherches sur les corps vivans* (p. 8), savoir que

> Le propre du mouvement des fluides dans les parties souples des corps vivans qui les contiennent, est de s'y frayer des routes, des lieux de dépôt et des issues; d'y créer des canaux et par suite des organes divers; d'y varier ces canaux et ces organes à raison de la diversité, soit des mouvemens, soit de la nature des fluides qui y donnent lieu; enfin d'agrandir, d'allonger, de diviser et d'affermir graduellement ces canaux et ces organes par les matières qui se forment dans ces fluides en mouvement, qui s'en séparent sans cesse, et dont une partie s'assimile et s'unit aux organes, tandis que l'autre est rejetée au-dehors.

Secondement ; l'emploi habituel d'un organe, sur-tout s'il est fortement exercé, fortifie cet organe, le développe, accroît ses dimensions, agrandit et étend ses facultés.

Cette seconde loi des effets de l'exercice de la vie a été saisie depuis long-temps par les observateurs attentifs aux phénomènes de l'organisation.

En effet, on sait que toutes les fois qu'un organe, ou qu'un système d'organes est fortement et long-temps exercé, non-seulement sa puissance et les parties qui le constituent s'étendent et se fortifient, mais on a des preuves que cet organe, ou ce système d'organes, attire alors vers lui les principales forces actives de la vie de l'individu; car il devient la cause qui fait languir dans cette circonstance les fonctions des autres organes.

Ainsi, non-seulement tout organe ou toute partie du corps, soit de l'homme, soit des animaux, étant long-temps et plus fortement exercé que les autres, acquiert une force et une facilité d'action que le même organe n'avoit pas auparavant, et qu'il n'a jamais dans les individus qui l'exercent moins; mais, en outre, on remarque constamment que le grand emploi de cet organe fait languir les fonctions des autres, et les affoiblit proportionellement.

L'homme qui excite habituellement et fortement l'organe de son intelligence en obtient beaucoup de développement, et une grande facilité d'attention, de méditation, &c. mais il a un estomac foible et des forces musculaires fort bornées. Celui au contraire qui pense peu, ne fixe que légèrement et passagèrement son attention, et qui donne habituellement beaucoup d'exercice à ces organes musculaires, a beaucoup de vigueur, possède un excellent estomac, et n'est point assujetti à la sobriété du savant et de l'homme de lettres.

Il y a plus, lorsqu'on a long-temps et fortement exercé un organe ou un système d'organes, les forces actives de la vie (le fluide nerveux selon moi) ont pris une telle habitude de se porter vers cet organe, qu'elles ont formé dans l'individu un penchant à continuer de l'exercer qu'il lui est difficile de vaincre.

De là vient que plus on exerce un organe, plus on l'emploie avec facilité, et plus ensuite on sent le besoin de continuer à en faire usage aux époques où on le mettoit en action. Aussi remarque-t-on que l'habitude de l'étude, de l'application, du travail ou de tout autre exercice de nos organes ou de tel de nos organes, devient avec le temps un besoin indispensable pour l'individu, et souvent une passion qu'il ne sauroit surmonter.

Troisièmement; enfin, les efforts faits par le besoin pour obtenir des facultés nouvelles, se trouvant aidés du concours des circonstances favorables, créent avec le temps, les organes nouveaux qui sont propres à ces facultés, et qu'ensuite un long emploi développe.

Combien est importante cette considération, et quelle lumière elle répand sur l'état de l'organisation des différens animaux qui existent !

Assurément, ce ne sera pas ceux qui ont une longue habitude d'observer la nature, et qui ont suivi avec attention ce qui arrive aux individus vivans (aux animaux et aux plantes) qu'un grand changement dans les circonstances de leur situation et de leurs moyens d'exister, force eux et leur race de prendre des habitudes nouvelles ; ce ne sera pas ceux-là, dis-je, qui entreprendront de contester le fondement de la considération que je viens d'exposer.

Ils se convaincront aisément de la solidité de ce que j'ai déjà publié à cet égard (1), savoir.

1°. Que l'état d'organisation dans chaque corps vivant a été obtenu petit-à-petit par les progrès de l'influence du mouvement des fluides, et par ceux des changemens que ces fluides, par la variation des

(1) Recherches sur l'organisation des corps vivans, p. 9.

circonstances, ont subis et dans leurs mouvemens et dans leur nature ;

2°. Que chaque organisation et chaque forme acquise par cet ordre de choses et par les circonstances qui y ont concouru, furent conservées et transmises successivement par la génération, jusqu'à ce que de nouvelles modifications de ces organisations, et de ces formes eussent été obtenues par la même voie et par de nouvelles circonstances ;

3°. Qu'en un mot, du concours non interrompu de ces causes ou de ces loix de la nature, et d'une diversité presqu'inconcevable de circonstances influentes qui s'est opérée à la suite d'un temps considérable, les *corps vivans* de tous les ordres ont été successivement formés.

J'ai dû vous rappeler ces grandes considérations dont je vous ai tracé l'esquisse l'année dernière, et que j'ai consignées pour la plupart dans mes différens ouvrages; parce qu'elles vont servir, comme vous allez voir, à la solution du problême qui intéresse tant les naturalistes, et qui concerne la détermination de l'*espèce* parmi les corps vivans.

En effet, si en remontant dans la série des animaux depuis l'animalcule le plus simple en organisation, comme depuis la *monade* qui semble n'être qu'un point animé, jusqu'aux animaux les plus parfaits ou dont l'organisation est la plus compliquée, en un mot, jusqu'aux *animaux à mamelle*, vous observez dans les différens ordres que comprend cette grande série, une gradation nuancée, quoiqu'irrégulière, dans la composition de l'organisation et dans le nombre croissant des facultés ; n'est-il pas évident que dans le cas où la nature auroit quelque puissance active sur l'existence de ces corps organisés, elle n'a pu les faire exister qu'en commençant par les plus simples, et qu'elle n'a pu former directement parmi les animaux, que ce que j'appelle les *ébauches* de l'*animalité*, c'est-à-dire, que ces animalcules, presqu'imperceptibles, et en quelque sorte sans consistance, qu'on voit se former spontanément, et avec une abondance étonnante dans certains lieux et dans certaines circonstances, tandis que dans des circonstances contraires tous sont totalement anéantis.

Ne sent-on pas ensuite que par l'effet des loix d'organisation, que j'ai indiqué tout-à-l'heure, et par celui des différens moyens de multiplication qui en dérivent, la nature a dans les temps, les lieux et les climats favorables, multiplié ses premières ébauches d'animalité, donné lieu aux développemens de leur organisation, rendu graduellement plus grande la durée de ceux qui en sont provenus originairement, augmenté et diversifié leurs parties. Ensuite conservant toujours les progrès acquis par les reproductions des individus et la succession des générations, et aidée par beaucoup de temps et par une diversité lente mais constante dans les circonstances, elle a peu à peu amené, à cet égard, l'état de choses que nous observons maintenant.

Qu'elle est grande cette considération et sur-tout qu'elle est éloignée de tout ce que l'on a pensé sur les objets dont il s'agit! aussi l'étonnement que sa nouveauté et sa singularité doivent produire en vous, exigent d'abord que vous suspendiez votre jugement à son égard. Mais l'observation qui l'établit est maintenant consignée, et les faits qui y ont donné lieu subsistent et se renouvellent sans cesse ; or, comme elle ouvre un champ vaste à vos études et à vos propres recherches; c'est à vous-même que j'en appelle pour prononcer sur ce grand sujet, lorsque vous aurez suffisamment examiné et suivi tous les faits qui s'y rapportent.

Si parmi les corps vivans il y en est dont la considération de l'organisation et des phénoménes qu'elle produit, puisse nous éclairer sur la puissance de la nature et sur sa marche, relativement à l'existence de ces corps ainsi qu'aux variations qu'ils subissent, c'est certainement dans ce qu'on appelle les dernières classes des deux Règnes organiques (des animaux et des végétaux) qu'il faut les chercher. C'est dans les classes qui comprennent les corps vivans dont l'organisation est la moins composée, que l'on peut recueillir les faits les plus lumineux et les observations les plus décisives sur l'origine de ces corps, sur leur reproduction et leur diversification admirable, enfin sur la formation et les développemens de leurs organes divers, le tout aidé du concours des générations, des temps et des circonstances.

C'est en effet parmi les corps vivans les plus multipliés, les plus nombreux dans la nature, les plus prompts et les plus faciles à se régénérer, que nous devons chercher les faits les plus instructifs sur la marche de la nature, et sur les moyens qu'elle a employés pour opérer ces innombrables productions. Dans ce cas, on sent que, relativement au Règne animal, ce doit être principalement dans la considération des animaux sans vertèbres que notre attention doit se fixer ;

car leur énorme multiplicité dans la nature, la singulière diversité de leurs systêmes d'organisation et de leurs moyens de multiplication, leur simplication croissante, et l'extrême fugacité de ceux qui composent les derniers ordres de ces animaux, nous montrent, encore mieux que les autres, la marche véritable de la nature, et les moyens dont elle s'est servie et qu'elle emploie encore sans cesse pour donner l'existence à tous les corps vivans que nous connoissons.

Sa marche et ses moyens sont sans doute les mêmes pour la production des différens végétaux qui existent.

Et en effet, qu'on ne croie pas, comme quelques naturalistes l'ont avancé mal-à-propos et sans preuves, que les végétaux sont des corps plus simples en organisation que les plus simples des animaux; c'est une véritable erreur, que l'observation dément d'une manière évidente.

Vraisemblablement toute substance végétale est moins surchargée de principes constituans qu'une substance animale quelconque, ou du moins que la plupart d'entre elles: mais la substance d'un corps vivant et l'organisation de ce corps, sont deux choses très-différentes.

Or, il y a dans les végétaux, comme dans les animaux, une véritable gradation dans la composition de l'organisation, depuis le végétal le plus simple en organisation et en parties, jusqu'aux végétaux qui ont l'organisation la plus composée et les parties les plus diversifiées.

S'il y a quelque rapprochement, ou au moins quelque comparaison à faire entre les végétaux et les animaux, ce ne peut être qu'en opposant les végétaux les plus simplement organisés, comme les *champignons* et les *algues*, aux animaux les plus imparfaits, comme les polypes, et sur-tout comme les *polypes amorphes*, qui en offrent le dernier ordre.

A présent que nous voyons clairement que pour faire exister les animaux de toutes les classes, de tous les ordres et de tous les genres, la nature a dû commencer par donner l'existence à ceux qui sont les plus simples en organisation, les plus pauvres en parties et en facultés, les plus frêles en consistance, les plus fugaces, les plus prompts et les plus faciles à multiplier, et que nous trouvons dans les *polypes amorphes*, ou microscopiques, des exemples frappans de cette simplification d'organisation, et l'indice que c'est uniquement parmi eux que se trouvent les étonnantes ébauches de l'animalité;

A présent, que nous connoissons les principales loix de l'organisation, le pouvoir de l'exercice de la vie, l'influence du mouvement des fluides dans les parties souples des corps organisés, et la faculté qu'ont les régénérations de conserver les progrès acquis dans la composition des organes;

A présent enfin qu'appuyés sur de nombreuses observations nous voyons qu'à l'aide de beaucoup de temps, des mutations dans les circonstances locales, dans les climats, et par suite dans les habitudes des animaux, la progression dans la complication de leur organisation et dans la diversité de leurs parties a dû s'opérer peu à peu, de manière que tous les animaux maintenant connus ont pu être successivement formés tels que nous les voyons; il devient possible de trouver la solution de la question suivante :

Qu'est-ce que l'*espèce* parmi les corps vivans?

Tous ceux qui se sont fortement occupés de l'étude de l'histoire naturelle, savent que maintenant les naturalistes sont extrêmement embarrassés pour définir ce qu'ils entendent par le mot *espèce*.

A la vérité, l'observation nous a montré pendant long-temps, et nous montre encore dans un grand nombre de cas, des collections d'individus qui se ressemblent tellement par leur organisation et par l'ensemble de leurs parties, qu'on n'a pas balancé à regarder ces collections d'individus semblables comme constituant autant d'espèces.

D'après cette considération, on a appelé *espèce* toute collection d'individus semblables, ou à très-peu près semblables, et on a remarqué que la régénération de ces individus conservoit l'espèce et la propageoit, en continuant successivement de reproduire de pareils individus.

Bientôt après l'on a supposé que chaque espèce étoit immutable, aussi ancienne que la nature, et qu'elle avoit eu sa création particulière de la part de l'auteur suprême de tout ce qui existe.

Sans doute rien n'existe que par la volonté du sublime auteur de toutes choses.

Mais pouvons-nous lui imposer des règles dans l'exécution de sa volonté, et fixer le mode qu'il lui a plu de suivre à cet égard, si ce n'est par ce qu'il nous permet d'en reconnoître à l'aide de l'observation. Sa puissance infinie n'a-t-elle pas pu créer un ordre de choses qui donna successivement l'existence à tout ce que nous voyons, comme à tout ce qui existe et que nous ne connoissons pas ?

Assurément, quelle qu'ait été sa volonté, l'immensité de sa puissance est toujours la même ; et de quelque manière que se soit effectuée cette volonté suprême, rien n'en peut diminuer la grandeur.

Respectant donc les décrets de cette sagesse infinie, je me renferme dans les bornes d'un simple observateur de la nature. Alors, si je parviens à démêler quelque chose dans la marche que suit la nature pour opérer ses productions, je dirai, sans crainte de me tromper, qu'il a plu à son auteur qu'elle ait cette faculté et cette puissance.

L'idée qu'on s'étoit formé de l'*espèce* parmi les corps vivans étoit assez simple, facile à saisir, et sembloit confirmée par la constance dans la forme semblable des individus, que la reproduction ou la génération perpétuoit. Telles se trouvent encore pour nous un très-grand nombre de ces espèces prétendues que nous voyons tous les jours.

Cependant, plus nous avançons dans la connoissance des différens corps organisés, dont presque toutes les parties de la surface du globe sont couvertes, plus notre embarras s'accroît pour déterminer ce qui doit être regardé comme *espèce*, et à plus forte raison pour limiter et distinguer les genres.

A mesure qu'on recueille les productions de la nature, à mesure que nos collections s'enrichissent, nous voyons presque tous les vides se remplir, et nos lignes de séparation s'effacer. Nous nous trouvons réduits à une détermination arbitraire, qui tantôt nous porte à saisir les moindres différences des variétés pour en former le caractère de ce que nous appelons espèce, et tantôt nous fait déclarer variété de telle espèce des individus un peu différens, que d'autres regardent comme constituant une *espèce* particulière.

Je le répète, plus nos collections s'enrichissent, plus nous rencontrons des preuves que tout est plus ou moins nuancé, que les différences remarquables s'évanouissent, et que le plus souvent la nature ne laisse à notre disposition pour établir des distinctions, que des particularités minutieuses et en quelque sorte puériles.

Que de genres, parmi les animaux et les végétaux, sont d'une étendue telle, par la quantité d'*espèces* qu'on y rapporte, que l'étude et la détermination de ces espèces y sont maintenant presqu'impraticables. Les *espèces* de ces genres, rangées en série et rapprochées d'après la considération de leurs rapports naturels, présentent, avec celles qui les avoisinent, des différences si légères qu'elles se nuancent, et que ces *espèces* se confondent en quelque sorte les unes avec les autres, ne laissant presqu'aucun moyen de fixer, par l'expression, les petites différences qui les distinguent.

Il n'y a que ceux qui se sont long-temps et fortement occupés de la détermination des *espèces*, et qui ont consulté de riches collections, qui peuvent savoir jusqu'à quel point les *espèces*, parmi les corps vivans, se fondent les unes dans les autres, et qui ont pu se convaincre que, dans les parties où nous voyons des *espèces* isolées, cela n'est ainsi que parce qu'il nous manque d'autres *espèces* qui en sont plus voisines, et que nous n'avons pas encore recueillies.

Je ne veux pas dire pour cela que les animaux qui existent forment une série très-simple, et par-tout également nuancée ; mais je dis qu'ils forment une série rameuse, irrégulièrement graduée, et qui n'a point de discontinuité dans ses parties, ou qui du moins n'en a pas toujours eu, s'il est vrai qu'il s'en trouve quelque part. Il en résulte que les *espèces* qui terminent chaque rameau de la série générale, tiennent au moins d'un côté à d'autres *espèces* voisines qui se nuancent avec elles. Voilà ce que l'état bien connu des choses me met maintenant à portée de démontrer.

Je n'ai besoin d'aucune hypothèse ni d'aucune supposition pour cela : j'en atteste tous les naturalistes observateurs.

Non-seulement beaucoup de genres, mais des ordres entiers, et quelquefois des classes mêmes, nous présentent déjà des portions presque complètes de l'état de choses que je viens d'indiquer.

Or, lorsque dans ces cas l'on a rangé les *espèces* en série, et qu'elles sont toutes bien placées suivant leurs rapports naturels, si vous en choisissez une, et qu'ensuite faisant un saut par-dessus plusieurs autres, vous en prenez une autre un peu éloignée ; ces deux *espèces*, mises en comparaison, vous offriront alors de grandes dissemblances entre elles. C'est ainsi que nous avons commencé par voir les productions de la nature qui se sont trouvées le plus à notre portée. Alors les distinctions génériques et spécifiques étoient très-faciles à établir. Mais maintenant que nos collections sont fort riches, si vous suivez la série que je citois tout-à-l'heure, depuis l'espèce que vous avez choisie d'abord, jusqu'à celle que vous avez prise en second lieu, et qui est très-différente de la première, vous y arriverez de nuance en nuance, sans avoir remarqué des différences dignes d'être notées.

Je le demande ; quel est le Zoologiste ou le Botaniste expérimenté, qui n'est pas pénétré du fondement de ce que je viens de vous exposer ?

Comment étudier maintenant, ou pouvoir déterminer d'une manière solide les *espèces*, parmi cette multitude de polypes connus de tous les ordres, de radiaires, de vers, et sur-tout d'insectes, où les seuls genres *papillon, phalène, noctuelle, teigne, mouche, ichneumon, charanson, capricorne, scarabé, cétoine*, &c. &c. offrent déjà tant d'*espèces* qui s'avoisinent, se nuancent, se confondent presque les unes avec les autres ?

Quelle foule de coquillages les mollusques ne nous présentent-ils pas de tous les pays et de toutes les mers, qui éludent nos moyens de distinction, et épuisent nos ressources à cet égard !

Remontez jusqu'aux poissons, aux reptiles, aux oiseaux, aux mammaux mêmes, vous verrez, sauf les lacunes qui sont encore à à remplir, par-tout des nuances qui lient entr'elles les *espèces* voisines, les genres mêmes, et ne laissent presque plus de prise à notre industrie pour établir de bonnes distinctions.

La Botanique, qui considère l'autre série que composent les végétaux, n'offre-t-elle pas, dans ses diverses parties, un état de choses parfaitement semblable ?

En effet, quelles difficultés n'éprouve-t-on pas maintenant dans l'étude et la détermination des espèces, dans les genres *lichen, fucus, carex, poa, piper, euphorbia, erica, hieracium, solanum, geranium, mimosa*, &c. &c. ?

Lorsqu'on a formé ces genres, on n'en connoissoit qu'un petit nombre d'espèces, et alors il étoit facile de les distinguer ; mais à présent que presque tous les vides sont remplis entr'elles, nos différences spécifiques sont nécessairement minutieuses et le plus souvent insuffisantes.

A cet état de choses bien constaté, voyons quelles sont les causes qui peuvent avoir donné lieu ; voyons si la nature possède des moyens pour cela, et si l'observation a pu nous éclairer à cet égard.

Quantité de faits nous apprennent qu'à mesure que les individus d'une de nos *espèces* changent de situation, de climat, de manière d'être ou d'habitude, ils en reçoivent des influences qui changent peu à peu la consistance et les proportions de leurs parties, leur forme, leurs facultés, leur organisation même ; en sorte que tout en eux participe avec le temps aux mutations qu'ils ont éprouvées.

Dans le même climat, des situations et des expositions très-différentes, font d'abord simplement varier les individus qui s'y trouvent exposés; mais, par la suite des temps, la continuelle différence de situation des individus dont je parle, qui vivent et se reproduisent successivement dans les mêmes circonstances, amène en eux des différentes qui sont, en quelque sorte, essentielles à leur être; de manière qu'à la suite de beaucoup de générations qui se sont succédées les unes aux autres, ces individus, qui appartenoient originairement à une autre *espèce*, se trouvent à la fin transformés en une *espèce* nouvelle, distincte de l'autre.

Par exemple, que les graines d'une graminée, ou de toute autre plante naturelle à une prairie humide, soient transportées, par une circonstance quelconque, d'abord sur le penchant d'une colline voisine, où le sol, quoique plus élevé, sera encore assez frais pour permettre à la plante d'y conserver son existence, et qu'ensuite, après y avoir vécu et s'y être bien des fois régénérée, elle atteigne, de proche en proche, le sol sec et presqu'aride d'une côte montagneuse; si la plante réussit à y subsister, et s'y perpétue pendant une suite de générations, elle sera alors tellement changée, que les Botanistes qui l'y rencontreront en constitueront une *espèce* particulière.

La même chose arrive aux animaux que des circonstances ont forcés de changer de climat, de manière de vivre et d'habitudes: mais, pour ceux-ci, les influences des causes que je viens de citer exigent plus de temps encore qu'à l'égard des plantes, pour opérer les changemens notables sur les individus, qu'à la longue néanmoins elles parviennent toujours à exécuter.

L'idée de définir sous le mot *espèce* une collection d'individus semblables, qui se perpétuent les mêmes par la génération, et qui existent ainsi les mêmes aussi anciennement que la nature, emportoit la nécessité que les individus d'une même espèce ne pussent point s'allier, dans leurs actes de génération, avec des individus d'une *espèce* différente.

Malheureusement l'observation a prouvé, et prouve encore tous les jours, que cette considération n'est nullement fondée; car les hybrides, très-communes parmi les végétaux, et les accouplemens qu'on remarque souvent entre des individus d'*espèce* fort différente parmi les animaux, ont fait voir que les limites entre ces espèces prétendues constantes, n'étoient pas aussi solides qu'on l'a imaginé.

A la vérité, souvent il ne résulte rien de ces singuliers accouplemens, sur-tout lorsqu'ils sont très-disparates, ou les individus qui en proviennent sont en général inféconds : mais aussi, lorsque les disparates sont moins grandes, on sait que les défauts dont il s'agit n'ont plus lieu. Or, ce moyen seul suffit pour créer de proche en proche des variétés qui deviennent ensuite des races, et qui, avec le temps, constituent ce que nous nommons des *espèces*.

Pour juger si l'idée qu'on s'est formée de l'*espèce* a quelque fondement réel, revenons aux considérations que j'ai déjà exposées : elles nous font voir,

1°. Que tous les corps organisés de notre globe sont de véritables productions de la nature, qu'elle a successivement exécutées à la suite de beaucoup de temps ;

2°. Que dans sa marche la nature a commencé, et recommence encore tous les jours, par former les corps organisés les plus simples, et qu'elle ne forme directement que ceux-là, c'est-à-dire, que ces premières ébauches de l'organisation, qu'on a désignées mal-à-propos par l'expression de *Générations spontanées* ;

3°. Que les premières ébauches de l'animal et du végétal étant formées dans les lieux et les circonstances convenables, les facultés d'une vie commençante et d'un mouvement organique établi, ont nécessairement développé peu à peu les organes, et qu'avec le temps et les circonstances convenables, elles les ont diversifiés ainsi que les parties ;

4°. Que la faculté d'accroissement dans chaque portion du corps organisé étant inhérente aux premiers effets de la vie, elle a donné lieu aux différens modes de multiplication et de régénération des individus ; et que par-là les progrès acquis dans la composition de l'organisation et dans la forme et la diversité des parties, ont été conservés ;

5°. Qu'à l'aide d'un temps suffisant, des circonstances qui ont été nécessairement favorables, des changemens que tous les points de la surface du globe ont successivement subis dans leur état, en un mot, du pouvoir qu'ont les nouvelles situations et les nouvelles habitudes pour modifier les organes des corps doués de la vie, tous ceux qui existent maintenant ont été insensiblement formés tels que nous les voyons ;

6°. Enfin, que d'après un ordre semblable de choses, les corps vivans ayant éprouvé chacun des changemens plus ou moins grands dans l'état de leur organisation et de leurs parties, ce qu'on nomme *espèce* parmi eux a été insensiblement et successivement ainsi formé, n'a qu'une constance relative dans son état, et ne peut être aussi ancien que la nature.

Mais, dira-t-on, quand on voudroit supposer qu'à l'aide de beaucoup de temps et d'une variation infinie dans les circonstances, la nature a peu à peu formé les animaux divers que nous connoissons, ne seroit-on pas arrêté, dans cette supposition, par la seule considération de la diversité admirable que l'on remarque dans l'*instinct* des différens animaux, et par celle des merveilles de tout genre que présentent leurs diverses sortes d'*industrie* ?

Osera-t-on porter l'esprit de système jusqu'à dire que c'est la nature qui a, elle seule, créé cette diversité étonnante de moyens, de ruses, d'adresses, de précautions, de patience, dont l'*industrie* des animaux nous offre tant d'exemples ! Ce que nous observons à cet égard, dans la classe seule des *insectes*, n'est-il pas mille fois au-delà de ce qui est nécessaire pour nous faire sentir que les bornes de la puissance de la nature ne lui permettent nullement de produire elle-même tant de merveilles ! et pour forcer le philosophe le plus obstiné à reconnoître qu'ici la volonté du suprême auteur de toutes choses a été nécessaire, et a suffi seule pour faire exister tant de choses admirables ?

Sans doute il faudroit être téméraire, ou plutôt tout-à-fait insensé, pour prétendre assigner des bornes à la puissance du premier auteur de toutes choses ; et, par cela seul, personne ne peut oser dire que cette puissance infinie n'a pas pu vouloir ce que la nature même nous montre qu'elle a voulu.

Cela étant, si je découvre que la *nature* opère elle-même tous les prodiges qu'on vient de citer ; qu'elle crée l'organisation, la vie, le sentiment même ; qu'elle multiplie et diversifie, dans des limites qui ne nous sont pas connues, les organes et les facultés des corps organisés dont elle soutient ou propage l'existence ; qu'elle crée dans les animaux, par la seule voie du *besoin* qui établit et dirige les habitudes, la source de toutes les actions, depuis les plus simples jusqu'à celles qui constituent l'*instinct*, l'*industrie*, enfin le *raisonnement ;* ne dois-je pas reconnoître, dans cette faculté de la nature, c'est-à-dire des choses existantes, l'exécution de la volonté de son sublime auteur, qui a pu vouloir qu'elle ait cette faculté ?

Admirerai-je moins la grandeur de la puissance de cette première cause de tout, s'il lui a plu que les choses fussent ainsi, que si, par autant d'actes de sa volonté puissante, elle se fût occupée et s'occupât continuellement encore des détails de toutes les créations particulières, de toutes les variations, de tous les développemens et perfectionnemens, de toutes les destructions et de tous les renouvellemens, en un mot, de toutes les mutations qui s'exécutent généralement dans les choses qui existent ?

Or, je compte prouver dans ma BIOLOGIE que la nature possède, dans ses *facultés*, tout ce qui est nécessaire pour avoir pu produire elle-même ce que nous admirons en elle ; et, à ce sujet, j'entrerai alors dans des détails suffisans, qu'ici je suis forcé de supprimer (1).

Cependant on objecte encore que tout ce qu'on voit annonce relativement à l'état des corps vivans, une constance inaltérable dans la conservation de leur forme, et l'on pense que tous les animaux dont on nous a transmis l'histoire, depuis deux ou trois mille ans, sont toujours les mêmes, et n'ont rien perdu ni rien acquis dans le perfectionnement de leurs organes et dans la forme de leurs parties.

Outre que cette stabilité apparente passe depuis long-temps pour une vérité de fait, on vient d'essayer d'en consigner des preuves particulières dans un Rapport sur les collections d'histoire naturelle rapportées d'Egypte par le C. Geoffroy. Les rapporteurs (2) s'y expriment de la manière suivante :

« La collection a d'abord cela de particulier, qu'on peut dire qu'elle contient des animaux de tous les siècles. Depuis long-temps on désiroit de savoir si les espèces changent de forme par la suite des temps. Cette question, futile en apparence, est cependant essentielle à l'histoire du globe, et par suite à la solution de mille autres questions, qui ne sont pas étrangères aux plus graves objets de la vénération humaine.

---

(1) *Voyez* à la fin de ce discours, l'Esquisse d'une *philosophie zoologique*, relative à cet objet.

(2) J'en étois du nombre, et j'ai dû ne pas m'opposer à la publication d'une idée qui, au premier aspect, semble contraire à la mienne, mais qui n'a point de fondement, comme on va le voir.

» Jamais on ne fut mieux à portée de la décider pour un grand nombre d'espèces remarquables, et pour plusieurs milliers d'autres. Il semble que la superstition des anciens Egyptiens ait été inspirée par la nature dans la vue de laisser un monument de son histoire.

. . . .

» On ne peut, continuent les rapporteurs, maîtriser les élans de son imagination, lorsqu'on voit encore conservé avec ses moindres os, ses moindres poils et parfaitement reconnoissable, tel animal qui avoit, il y a deux ou trois mille ans, dans Thèbes ou dans Memphis des prêtres et des autels. Mais sans nous égarer dans toutes les idées que ce rapprochement fait naître, bornons-nous à vous exposer qu'il résulte de cette partie de la collection du C. Geoffroy, que ces animaux sont parfaitement semblables à ceux d'aujourd'hui ».

Je les ai vus, ces animaux, et je crois à la conformité de leur ressemblance avec les individus des mêmes espèces qui vivent aujourd'hui. Ainsi, les animaux que les Egyptiens ont adorés et embaumés, il y a deux ou trois mille ans, sont encore en tout semblables à ceux qui vivent actuellement dans ce pays.

Mais il seroit assurément bien singulier que cela fût autrement; car la position de l'Egypte et son climat sont encore, à très-peu-près, ce qu'ils étoient à cette époque. Or, les animaux qui y vivent n'ont pu être forcés de changer leurs habitudes.

Il n'y a donc rien dans l'observation qui vient d'être rapportée, qui soit contraire aux considérations que j'ai exposées sur ce sujet; et, sur-tout qui prouve, que les animaux dont il s'agit aient existé de tout temps dans la nature. Elle prouve seulement qu'ils existoient il y a deux ou trois mille ans; et tout homme qui a quelqu'habitude de réfléchir,et en même temps d'observer ce que la nature nous montre des monumens de son antiquité, apprécie facilement la valeur d'une durée de deux ou trois mille ans par rapport à elle.

Aussi, comme je l'ai dit ailleurs, on peut assurer que cette apparence de *stabilité* des choses dans la nature, sera toujours prise, par le vulgaire des hommes, pour la *réalité;* parce qu'en général on ne juge de tout que relativement à soi.

Pour l'homme qui observe, et qui à cet égard ne juge que d'après les changemens qu'il apperçoit lui-même, les intervalles de ces mutations sont des *états stationnaires* qui lui paroissent sans bornes, à cause de la brièveté d'existence des individus de son espèce. Aussi, comme les fastes de ses observations, et les notes des faits qu'il a pu consigner dans ses registres, ne s'étendent et ne remontent qu'à quelques milliers d'années (trois à cinq mille ans), ce qui est une durée infiniment petite, relativement à celles qui voient s'effectuer les grands changemens que subit la surface du globe ; tout lui paroît *stable* dans la planète qu'il habite, et il est porté à repousser les indices que des monumens entassés autour de lui, ou enfouis dans le sol qu'il foule sous ses pieds, lui présentent de toutes parts. *Voyez les Annales du Muséum d'hist. nat.* IVe. cahier, p. 302 et 303.

Il me semble entendre ces petits insectes qui ne vivent qu'une année, qui habitent quelque coin d'un bâtiment, et que l'on supposeroit occupés à consulter parmi eux la tradition, pour prononcer sur la durée de l'édifice où ils se trouvent : remontant dans leur chétive histoire jusqu'à la 25e génération, ils décideroient unanimement que le bâtiment qui leur sert d'asyle est éternel, ou du moins qu'il a toujours existé ; car ils l'ont toujours vu le même, et ils n'ont jamais entendu dire qu'il ait eu un commencement. *Ibid.*

Les grandeurs, en étendue et en durée, sont relatives. Que l'homme veuille bien se représenter cette vérité, et alors il sera réservé dans ses décisions à l'égard de la *stabilité*, qu'il attribue dans la nature à l'état des choses qu'il y observe. *Ibid.* Voyez dans mes *Recherches sur les corps vivans*, l'appendice, p. 141.

Pour admettre le changement insensible des espèces, et les modifications qu'éprouvent les individus, à mesure qu'ils sont forcés de varier leurs habitudes ou d'en contracter de nouvelles, nous ne sommes pas réduits à l'unique considération des trop petits espaces de temps que nos observations peuvent embrasser pour nous permettre d'appercevoir ces changemens ; car, outre cette induction, quantité de faits recueillis depuis bien des années éclairent assez la question que j'examine, pour quelle ne reste pas indécise ; et je puis dire que maintenant nos connoissances d'observation sont trop avancées pour que la solution cherchée ne soit pas évidente.

En effet, outre que nous connoissons les influences et les suites des fécondations hétéroclites, nous savons positivement aujourd'hui qu'un changement forcé et soutenu, soit dans les habitudes et la manière de vivre des animaux, soit dans la situation, le sol et le climat des végétaux, opère après un temps suffisant une mutation très-remarquable dans les individus qui s'y trouvent exposés.

L'animal qui vit librement dans les plaines où il s'exerce habituellement à des courses rapides ; l'oiseau que ses besoins mettent dans le cas de traverser sans cesse de grands espaces dans les airs, se trouvant enfermés, l'un dans les loges de nos ménageries ou dans nos écuries, l'autre dans nos cages ou dans nos basse-cours, y subissent avec le temps des influences frappantes, sur-tout après une suite de régénérations dans l'état qui leur a fait contracter de nouvelles habitudes.

Le premier y perd en grande partie sa légèreté, son agilité ; son corps s'épaissit, ses membres diminuent de forces et de souplesse, et ses facultés ne sont plus les mêmes.

Le second devient lourd, ne sait presque plus voler, et prend plus de chair dans toutes ses parties.

Voyez dans nos chevaux robustes et grossiers, habitués au trait, et dont on a fait une race particulière en les alliant toujours ensemble ; voyez, dis-je, la différence de leur forme comparée avec celle des chevaux anglais, qui sont tous effilés avec le cou prolongé en avant, parce que depuis long temps on les a habitués à des courses très-rapides : voyez en eux l'influence d'une différence d'habitude, et jugez. Trouvez-les donc tels qu'ils sont quelque part dans la nature. Trouvez-y notre coq et notre poule dans l'état où nous les avons, ainsi que les différentes races que nous avons formées par des fécondations mélangées entre des variétés produites dans différens pays où elles étoient aussi dans l'état de domesticité. Trouvez-y de même nos différentes races de pigeons domestiques, nos différens chiens, &c. &c.

Que sont nos fruits cultivés, notre froment, nos choux, nos laitues, &c. si ce n'est le produit des mutations que nous avons opérées nous-mêmes sur ces végétaux, en changeant par notre culture les circonstances de leur situation ? Qu'on les trouve maintenant quelque part en cet état, dans la nature !

A ces faits qu'on ne peut contester, joignez-y les considérations que j'ai exposées dans mes *Recherches sur les corps vivans* (p. 56 et suiv.), et prononcez.

Ainsi, parmi les corps vivans, la nature, comme je l'ai déjà dit, ne m'offre d'une manière absolue que des individus qui se succèdent les uns aux autres par la génération, et qui proviennent les uns des autres. Ainsi les *espèces* parmi eux ne sont que relatives, et ne le sont que temporairement.

Néanmoins pour faciliter l'étude et la connoissance de tant de corps différens, il est utile de donner le nom d'*espèce* à toute collection d'individus semblables, que la génération perpétue dans le même état tant que les circonstances de leur situation ne changent pas assez pour faire varier leurs habitudes, leur caractère et leur forme.

Telle est, Citoyens, l'esquisse exacte de ce qui ce passe dans la nature depuis qu'elle existe, et de ce que l'observation de ses actes a pu seule nous découvrir.

J'ai rempli mon objet, si en vous présentant les résultats de mes recherches et de mon expérience, j'ai pu vous faire entrevoir ce qui dans vos études mérite de fixer principalement votre attention.

Vous concevez sans doute maintenant de quelle importance sont les considérations que je viens de vous exposer, et combien vous auriez tort si en vous livrant à l'étude des animaux ou des plantes, vous cherchiez à y voir que les distinctions multipliées qu'on a été forcé d'établir ; en un mot, si vous vous borniez à fixer, dans votre mémoire, la nomenclature variable et indéfinie, qu'on applique à tant de corps différens, au lieu d'étudier la nature elle-même, sa marche, ses moyens, et les résultats constans qu'elle en sait obtenir.

FIN.

DISCOURS D'OUVERTURE

du Cours des animaux sans vertèbres, prononcé dans le Muséum d'Histoire naturelle, en mai 1806.

Messieurs,

En ouvrant ce cours sur les animaux *sans vertèbres*, je me propose de vous donner, relativement aux animaux dont il s'agit, les idées les plus justes et les plus claires qu'il me sera possible, afin de vous faire connoître tout l'intérêt que leur étude inspire.

En général, leur petitesse extrême et leurs facultés bornées, semblent d'abord ne leur mériter qu'un intérêt médiocre, comparativement aux autres animaux; mais si vous donnez quelqu'attention aux considérations que je vais successivement vous présenter, vous les verrez d'un tout autre œil que le vulgaire, et vous penserez sûrement avec moi, que l'étude de ces singuliers animaux doit être considérée comme une des plus intéressantes aux yeux du naturaliste et du philosophe, parce qu'elle répand sur quantité de problèmes relatifs à l'histoire naturelle et à la physique animale, des lumières qu'on obtiendroit difficilement par aucune autre voie.

Avant d'entrer dans aucun détail sur les objets que vous vous proposez de connoître, je vais vous présenter quelques considérations importantes, qui influeront puissamment à diriger votre attention sur les objets essentiels que vous devez avoir en vue en suivant ce cours. Ces considérations vous feront sentir la nécessité de distinguer ce qui, dans l'état où sont les sciences naturelles, appartient à l'art, de ce qui est le propre de la nature, dont la connoissance constitue le premier intérêt de vos études.

Ce n'est point dans les classifications systématiques des productions naturelles, ni dans cette multitude de genres qu'on établit tous les jours d'une manière nouvelle pour les nommer, que vous trouverez cet intérêt du premier ordre dont je viens de faire mention. Il faut en effet se garder de ne chercher dans l'étude des *animaux sans vertèbres*, et de toutes les autres productions de la nature, que cette sorte de connoissance ; elle habitue à se contenter d'idées arbitraires, à ne s'occuper que de menus détails, et à prendre les produits variables de l'art, pour l'objet même qui doit essentiellement nous intéresser dans l'étude de l'histoire naturelle.

Sans doute les tentatives relatives à la classification, à la formation des *genres*, et à la détermination des *espèces*, furent indispensables pour s'entendre ; aussi, les réduisant à leur objet et à leur juste valeur, nous nous efforcerons d'en obtenir, pour nos études, tous les avantages qu'elles peuvent offrir.

Mais il importe extrêmement de ne jamais confondre les *matériaux* qu'il a fallu amasser et préparer pour l'étude de la nature, avec les objets mêmes que cette étude doit avoir en vue. En donnant à cette considération toute l'attention qu'elle mérite, l'étude de l'histoire naturelle vous deviendra profitable, agrandira vos idées, et ne sera plus bornée à offrir à votre mémoire une innombrable quantité de noms divers qu'on voit changer successivement à mesure que de nouveaux auteurs traitent des parties de cette science.

Les matériaux dont il s'agit sont les observations qui ont été faites sur chacune des productions naturelles qu'on a pu voir et examiner ; et les préparations qu'on a cru devoir donner à ces matériaux, sont les classifications de toutes les sortes, les systêmes et les méthodes d'histoire naturelle, enfin l'invention et la formation de ce que les naturalistes appelient des *classes*, des *ordres*, des *genres*, et des *espèces*.

On a senti que pour parvenir à nous procurer et à nous conserver l'usage de tous les corps naturels qui sont à notre portée et que nous pouvons faire servir à nos besoins, une détermination exacte et précise des caractères propres de chacun de ces corps étoit nécessaire, et conséquemment qu'il falloit rechercher et déterminer les particularités de structure, d'organisation, de forme, &c. qui différencient les divers corps naturels, afin de pouvoir en tout temps les reconnoître et les distinguer les uns des autres. C'est ce que les naturalistes, à force d'examiner les objets, sont jusqu'à un certain point parvenus à exécuter.

Cette partie des travaux des naturalistes est celle qui est la plus avancée ; on a fait avec raison depuis environ un siècle et demi des efforts immenses pour la perfectionner, parce qu'elle est d'un usage indispensable, qu'elle supplée à notre foiblesse, qu'elle nous aide à connoître ce qui a été nouvellement observé et à nous rappeler ce que nous avons déjà connu ; enfin parce qu'elle doit fixer la connoissance des objets dont les propriétés sont ou seront reconnues dans le cas de nous être utiles.

Mais les naturalistes ayant continué de s'appesantir sur ce seul genre de travail, sans jamais le considérer sous son vrai point de vue, et sans penser à s'entendre, c'est-à-dire à établir préalablement des principes généraux pour limiter l'étendue de chaque partie de cette grande entreprise, quantité d'abus se sont introduits ; en sorte que chacun changeant arbitrairement les considérations pour la formation des classes, des ordres et des genres, de nombreuses classifications différentes sont sans cesse présentées au public, les genres subissent continuellement des mutations sans bornes, et les productions de la nature par une suite de cette marche inconsidérée changent perpétuellement de nom.

Il en résulte que maintenant la *synonymie* en histoire naturelle est d'une étendue effrayante, que chaque jour la science s'obscurcit de plus en plus, qu'elle s'enveloppe de difficultés presqu'insurmontables, et que le plus bel effort de l'homme pour en préparer les matériaux, c'est-à-dire pour établir les moyens de reconnoître et distinguer tout ce que la nature offre à son observation et à ses usages, est changé en un dédale immense dans lequel on tremble avec raison de s'enfoncer.

Il me semble que selon la manière dont on envisage l'étude de l'histoire naturelle, on est en général beaucoup plus occupé de l'art qu'on y a introduit et des produits de cet art, que des objets mêmes qui en sont le sujet.

On n'est pas réellement *botaniste*, uniquement parce qu'on sait nommer, à la première vue, un grand nombre de plantes diverses, fût-ce selon les dernières nomenclatures établies. C'est une vérité qui s'applique à toutes les parties de l'histoire naturelle, et qu'il n'est pas nécessaire de vous développer, parce que chacun de vous la sent intérieurement.

Il ne faut donc s'occuper que très-secondairement d'un genre de connoissance qui n'a rien de stable en lui-même, en un mot d'un produit de l'art toujours sujet à varier ; mais il faut se livrer par préférence à l'étude des objets que nous offre la nature, il faut les considérer dans leur ensemble, leurs différens groupes apparens, et sous tous les rapports qu'ils peuvent présenter, enfin il faut s'attacher à la recherche de quantité de vérités constantes que l'observation suivie de la nature peut seule nous faire obtenir.

Ainsi, profitant des nombreux matériaux préparés par les naturalistes, nous les considérerons toujours comme des moyens pour arriver à la science, et non comme constituant la science elle-même.

Par cette voie, nous parviendrons à connoître particulièrement, et à bien juger les objets de nos études, nous nous formerons une idée plus juste de leur nature, de leurs rapports réciproques, des causes de leur diversité, de celles de leurs variations ; nous pourrons même arriver jusqu'à entrevoir leur véritable origine, et nous nous dépouillerons de quantité de préventions qui entravent pour nous les vrais progrès de nos connoissances.

Par exemple, la partie du travail des naturalistes qui concerne la détermination de ce qu'on nomme *espèce*, devient de jour en jour plus défectueuse, c'est-à-dire plus embarrassée et plus confuse ; parce qu'on l'exécute dans la supposition presque généralement admise, que les productions de la nature constituent des *espèces* constamment distinctes par des caractères invariables, et dont l'existence est aussi ancienne que celle de la nature même.

Cette supposition, qui n'a rien de fondé, fut établie dans un temps où l'on n'avoit pas encore observé, et où les sciences naturelles étoient à-peu-près nulles. Elle est tous les jours démentie aux yeux de ceux qui ont beaucoup vu, qui ont long-temps suivi la nature, et qui ont consulté avec fruit les grandes et riches collections de nos *Museum*.

L'espèce, vous le savez, n'est autre chose que la collection des individus semblables ; et vous l'avez cru jusqu'à présent immutable et aussi ancienne que la nature, d'abord parce que l'opinion commune le présentoit ainsi ; ensuite parce que vous avez remarqué que la voie de la génération, ainsi que les autres modes de reproduction que la nature emploie, donnoient aux individus la faculté de faire exister d'autres individus semblables qui leur survivent. Mais vous n'avez pas fait attention que ces régénérations successives ne se perpétuoient sans varier, qu'autant que les circonstances qui influent sur la manière d'être des individus ne varioient pas essentiellement. Or, comme la chétive durée de l'homme lui permet difficilement d'appercevoir les mutations considérables que subissent toutes les parties de la surface du globe, dans leur état et dans leur climat, à la suite de beaucoup de temps [1], vous ne vous êtes point apperçus que l'*espèce* n'a .ellement qu'une constance relative à la durée des circonstances dans lesquelles se trouvent les individus qui la représentent.

Toutes les observations que j'ai rassemblées sur ce sujet important, la difficulté même que je sais, par ma propre expérience, qu'on éprouve maintenant à distinguer les espèces dans les genres où nous nous sommes déjà très-enrichis, difficulté qui s'accroît tous les jours à mesure que les recherches des naturalistes agrandissent nos collections, tout m'a convaincu que nos *espèces* n'ont qu'une existence bornée, et ne sont que des races mutables ou variables, qui, le plus généralement, ne diffèrent de celles qui les avoisinent, que par des nuances difficiles à exprimer. *Voyez le discours d'ouverture de mon cours de Zoologie pour l'an XI.*

Ceux qui ont beaucoup observé et qui ont consulté les grandes collections, ont pu se convaincre qu'à mesure que les circonstances d'habitation, d'exposition, de climat, de nourriture, d'habitude de vivre, &c. viennent à changer, les caractères de taille, de forme, de proportion entre les parties, de couleur, de consistance, de durée, d'agilité et d'industrie pour les animaux, changent proportionnellement.

Ils ont pu voir que, pour les animaux, l'emploi plus fréquent et plus soutenu d'un organe quelconque, fortifie peu à peu cet organe, le développe, l'agrandit, et lui donne une puissance proportionnée à la durée de cet emploi ; tandis que le défaut constant d'usage de tel organe, l'affoiblit insensiblement, le détériore, diminue progressivement ses facultés, et tend à l'anéantir [2].

Enfin, ils ont pu remarquer que tout ce que la nature fait acquérir ou perdre aux individus par l'influence soutenue des circonstances où leur race se trouve depuis long-temps, elle le conserve par la génération aux nouveaux individus qui en proviennent. Ces vérités

---

(1) *Voyez* dans mon *Hydrogéologie* la citation des principaux faits qui mettent cette vérité en évidence.

(2) On sait que toutes les formes des organes comparées aux usages de ces mêmes organes, sont toujours parfaitement en rapport. Or, ce qui fait l'erreur commune à cet égard, c'est qu'on a pensé que les formes des organes en avoient amené l'emploi, tandis qu'il est facile de démontrer, par l'observation, que ce sont les usages qui ont donné lieu aux formes.

sont constantes, et ne peuvent être méconnues que de ceux qui n'ont jamais observé et suivi la nature dans ses opérations.

Ainsi l'on peut assurer que ce que l'on prend pour *espèce* parmi les corps vivans, et que toutes les différences spécifiques qui distinguent ces productions naturelles, n'ont point de *stabilité* absolue, mais qu'elles jouissent seulement d'une *stabilité* relative; ce qu'il importe fortement de considérer, afin de régler les limites que nous devons établir dans les déterminations de ce que nous devons appeler *espèce*.

On sait que des lieux différens changent de nature et de qualité, à raison de leur position, de leur composition et de leur climat; ce que l'on apperçoit facilement en parcourant différens lieux distingués par des qualités particulières; voilà déjà une cause de variation pour les productions naturelles qui vivent dans ces divers lieux. Mais ce qu'on ne sait pas assez, et même ce qu'en général on se refuse à croire, c'est que chaque lieu lui-même change avec le temps d'exposition, de climat, de nature et de qualité, quoiqu'avec une lenteur si grande par rapport à notre durée que nous lui attribuons une *stabilité* parfaite.

Or, dans l'un et l'autre cas, ces lieux changés changent proportionnellement les circonstances relatives aux corps vivans qui les habitent, et celles-ci produisent alors d'autres influences sur ces mêmes corps.

On sent de là que s'il y a des extrêmes dans ces changemens, il y a aussi des nuances, c'est-à-dire des degrés qui sont intermédiaires, et qui remplissent l'intervalle. Conséquemment il y a aussi des nuances dans les différences qui distinguent ce que nous appelons des *espèces*.

En effet, comme l'on rencontre perpétuellement de pareilles nuances entre ces prétendues *espèces*, on se trouve forcé de descendre jusque dans les détails les plus minutieux pour trouver des distinctions; les moindres particularités de forme, de couleur, de grandeur, et souvent même des différences seulement senties dans l'aspect de l'individu, comparé avec d'autres individus qui l'avoisinent le plus par leurs rapports, sont saisies par les naturalistes pour établir des distinctions spécifiques; en sorte que les plus minces variétés étant données comme des *espèces*, nos catalogues d'espèces grossissent à l'infini, et les noms des productions de la nature les plus importantes pour nous, se trouvant pour ainsi dire ensevelis dans ces énormes listes, deviennent très-difficiles à retrouver, parce que les objets maintenant ne sont la plupart déterminés que par des caractères que nos sens peuvent à peine saisir.

Qui de vous pourroit former le projet de consumer son temps, et de fatiguer sa mémoire en s'efforçant de connoître et de pouvoir nommer au premier aspect cette multitude d'espèces que présentent dans chaque partie de l'histoire naturelle nos classifications diverses ! Espérons que les naturalistes sentiront un jour la nécessité de convenir de quelque principe pour limiter la détermination de ce qu'ils nomment *espèce*, et même celle de leurs genres.

En attendant, souvenons-nous que rien de tout cela n'est dans la nature ; qu'elle ne connoît ni classes, ni ordres, ni genres, ni espèces, malgré le fondement que paroissent leur donner les portions de la série naturelle que nous offrent nos collections ; et que parmi les corps organisés ou vivans, il n'y a réellement que des individus, et des races diverses qui se nuancent dans tous les degrés de l'organisation.

Contentons nous donc de consulter dans les ouvrages qui les contiennent, les nombreuses observations des naturalistes, parce qu'elles sont, ainsi que les objets mêmes qui en furent le sujet, les véritables matériaux de nos études ; mais prenons garde à l'emploi que nous devons faire de ces matériaux et aux idées qu'ils peuvent nous inspirer ; car c'est uniquement sur ces objets que portent les considérations que je crois devoir mettre sous vos yeux.

Lorsque vous distinguerez, relativement à l'histoire naturelle, les travaux qui ont eu pour objet de préparer des matériaux pour la science, des faits et des observations qui appartiennent à la science elle-même, vous sentirez que, dans ce cours, je ne dois pas avoir en vue de vous mettre à portée de former vous-mêmes de nouvelles variations dans les classifications et dans les genres, ni de fixer votre choix sur telle de ces classifications arbitraires ; mais que je dois diriger votre attention et vos études vers les objets essentiels à la science, et en même temps vers cette masse de principes et de loix qui constituent sa *philosophie*, afin de vous procurer, au moins sur cette branche particulière de la science qui va nous occuper, les connoissances qui intéressent véritablement le naturaliste.

Déjà vous appercevez que tout ce qui concerne les rapports qu'ont entr'elles les diverses productions de la nature, fait une partie très-importante des objets que nous devons avoir en vue, la connoissance de ces rapports étant une des bases de la philosophie de la science.

En vous citant la considération de ce qu'on nomme *rapports*, croyez qu'il ne s'agit pas ici de se borner à celle des rapports particuliers qui existent entre les espèces et les genres ; mais qu'il est en même temps question d'embrasser par l'étude les rapports généraux de tous les ordres qui rapprochent ou éloignent les masses que vous devez considérer comparativement.

Ce fut en effet, après avoir senti l'importance de la considération des rapports, qu'on vit naître les essais qui ont été faits, surtout depuis peu d'années, pour déterminer ce qu'on nomme la *méthode naturelle ;* méthode qui n'est que l'esquisse tracée par l'homme, de la marche que suit la nature dans ses productions.

Maintenant, on ne fait plus de cas en France de ces systêmes artificiels fondés sur des caractères qui compromettent les rapports naturels entre les objets qui y sont soumis ; systêmes qui donnoient lieu à des distributions et des divisions nuisibles à nos connoissances de la nature.

Vous savez qu'un grand nombre de familles naturelles sont à présent reconnues parmi les plantes ; en sorte que les rapports bien établis à leur égard, sont des connoissances solides que l'esprit de systême ne pourra jamais détruire. Néanmoins, les résultats actuels de cette belle étude botanique n'ont pas encore atteint, à beaucoup près, la perfection dont ils sont susceptibles, tant parce qu'un certain nombre de ces familles sont encore douteuses, que parce qu'on a négligé de déterminer le principe de leur disposition générale.

Relativement aux animaux, on est maintenant convaincu, avec raison, que c'est uniquement d'après leur organisation que les rapports naturels peuvent être déterminés parmi eux ; conséquemment c'est principalement de l'anatomie comparée que la zoologie empruntera toutes les lumières qu'exige la détermination de ces rapports, et vous n'ignorez pas combien cette science importante pour l'avancement de l'histoire naturelle, a fait de progrès en Europe, et sur-tout en France depuis peu d'années.

Mais la considération des rapports naturels découverts entre certains individus, qui, rapprochés sous ce point de vue, forment des espèces de *familles* d'une étendue plus ou moins considérable, ne fait pas le complément de cet intérêt philosophique dont je viens de faire mention. Il reste encore à considérer ce que c'est que ces espèces de familles ; quels sont les rapports particuliers ou généraux qui rapppochent les unes des autres certaines d'entr'elles, et qui forcent d'autres d'être placées loin de celles-ci ; il faut déterminer pour toutes ces familles quelle est la place qui convient à chacune d'elles dans la distribution générale qui a pour objet de représenter l'ordre même de la nature. Enfin, il faut fixer par des considérations non arbitraires quels sont les principes qui doivent nous guider dans ces différentes déterminations ; car tout ici doit être évident et forcé, et les principes admis d'après l'observation suffisamment consultée, ne doivent pas être susceptibles de laisser le moindre doute raisonnable sur leur fondement.

Voilà la vraie *philosophie* de l'histoire naturelle, et l'on sait que toute science a, ou doit avoir, sa philosophie. L'on sait encore qu'une science ne fait de progrès réels que par sa philosophie. En vain les naturalistes consumeront-ils leur temps et leurs forces à décrire de nouvelles espèces, à instituer diversement des genres, en un mot, à se charger la mémoire d'une multitude infinie de caractères et de noms différens ; si la philosophie de la science est négligée, ses progrès sont sans réalité, et l'ouvrage entier reste imparfait.

Ainsi, pour procéder avec ordre dans un genre de recherches qui doit faire le principal objet de l'attention du naturaliste, examinons d'abord ce que c'est que ces espèces de *familles*, qui, dans chacun des deux règnes des corps vivans, semblent la plupart détachées les unes des autres, et que l'on peut encore circonscrire par des caractères qui leur sont propres. A cet égard, voici la considération qui se présente naturellement, et à laquelle on ne peut se refuser d'adhérer.

Si dans un lieu isolé ou dans un édifice quelconque, nous possédions une *collection complète* des productions de la nature, de manière que toute espèce de corps naturel y fût réellement placé, et si cette collection rangée d'après l'ordre des rapports, nous présentoit de distance en distance des vides ou des *hiatus* distincts et déterminables ; sans doute nous serions alors fondés à croire que la nature a partagé ses productions en groupes divers, auxquels nous pourrions à notre gré donner les noms de classes, d'ordres, de familles et de genres, selon l'étendue et la dépendance de chacun de ces groupes.

A la vérité, dans l'état où sont encore nos collections, quelque riches qu'elles soient déjà, il nous est possible en rapprochant les objets d'après leurs véritables rapports, de former différentes sortes de groupes ou d'assemblages très-naturels et cependant distincts les uns des autres. De-là les classes, les ordres, les familles et les genres que nous avons établis parmi les animaux et les végétaux.

Mais comme je vous l'ai dit tout à l'heure, l'expérience nous apprend tous les jours qu'à mesure que les naturalistes qui voyagent recueillent de nouveaux objets et augmentent nos collections, très-souvent parmi ces nouveaux objets recueillis, il s'en trouve dont les caractères singuliers mi-partis entre telle de nos divisions et telle autre, nous forcent de modifier nos classifications.

Par cette cause qui se renouvelle continuellement, nous sommes obligés de changer et de multiplier sans cesse nos genres, nos ordres et même nos classes ; et nous nous trouvons dans la nécessité de nous abaisser graduellement à l'emploi de caractères compliqués et de plus en plus minutieux ou difficiles à saisir, afin de tracer par-tout des lignes de séparation dont nous ne pouvons cesser d'avoir besoin.

Il n'est pas un de vous qui, ayant acquis la moindre connoissance de nos *genera* et de nos *species*, n'ait été frappé lui-même du défaut toujours croissant que je viens de vous citer.

Il y a encore tant de productions naturelles dont nous n'avons pas connoissance, tant de pays qui n'ont pas été visités ou dont on n'a qu'effleuré l'observation des objets qu'ils renferment, tant d'obstacles qui s'opposent à ce que nous puissions recueillir tout ce que la nature produit sans cesse dans tous les points de la surface de notre globe, et dans la vaste étendue des mers, que nous ne pourrons jamais nous flatter de completter nos collections.

Qui ne voit clairement d'après ces considérations que nos ordres, nos familles et nos genres les plus naturels, ne sont que des *portions* de l'ordre même de la nature, c'est-à-dire ne sont que des portions de la série de ses productions, soit dans le règne animal, soit dans celui des végétaux ; et que ces portions de série ne se trouvent isolées et susceptibles d'être circonscrites par des caractères, que parce que nous ne possédons pas une multitude de corps naturels dont une partie peut-être n'existe plus, tandis que l'autre existe encore, mais qui annuleroient les limites de nos divisions, si nous les connoissions tous.

Depuis que dans nos assemblages et dans nos divisions des corps naturels, nous sentons la nécessité d'avoir égard à la considération des rapports, soit en rapprochant les objets connus, soit en plaçant les groupes que nous en avons formés, qui ne voit que dans la distribution générale des corps vivans d'un règne, nous ne sommes plus les maîtres de disposer la série comme il nous plaît, qu'il n'y a plus maintenant d'arbitraire permis à cet égard, et que par la connoissance même que nous acquérons de plus en plus de la nature, nous sommes entraînés et forcés à nous conformer à son ordre.

Il n'est pas un de vous qui en présentant le tableau général des animaux connus, dans l'intention d'offrir un ordre de rapports ou une *méthode naturelle*, oseroit placer les poissons en tête de la série, la terminer par les oiseaux, et ranger les mammaux et les polypes vers le milieu de sa distribution? Certes vous avez déjà trop de connoissances pour être tentés de pareille chose, et vous sentez intérieurement que la complication croissante ou décroissante de l'organisation des animaux, entraîne l'ordre invariable des rapports, le véritable rang de chaque système d'organisation, et conséquemment indique qu'il existe un ordre à suivre dont on ne pourra jamais s'écarter, tant que la considération des rapports naturels sera l'objet de notre attention.

Croyez que dans les végétaux où la connoissance des rapports naturels a fait déjà de grands progrès, la cryptogamie qu'il est plus convenable de nommer *agamie*, occupera nécessairement désormais une des extrêmités de l'ordre; et ne doutez pas que si l'autre extrêmité n'est pas encore déterminée avec la même certitude (1), cela ne vienne de ce que les connoissances de l'organisation des végétaux sont beaucoup moins avancées que celles que nous avons sur l'organisation d'un grand nombre d'animaux connus.

Il y a donc, pour les animaux comme pour les végétaux, un ordre qui appartient à la nature, qui résulte des moyens qu'elle tient de l'auteur suprême de toute chose, et qu'elle a employé pour donner l'existence à ses productions; un ordre qu'il s'agit de parvenir à déterminer en son entier pour chaque règne des corps organisés, et dont nous possédons déjà diverses portions dans les familles bien reconnues et dans nos meilleurs genres soit d'animaux soit de plantes; un ordre enfin qui ne permet dans ses masses aucun arbitraire de notre part, et qui doit offrir à ses deux extrêmités les corps vivant les plus dissemblables ou les plus éloignés sous tous les rapports.

Je m'empresse de vous présenter ces grandes considérations; parce que je suis persuadé que tant que l'histoire naturelle sera cultivée,

---

(1) *Voyez* dans le second volume de l'hist. nat. des végétaux, édition de *Déterville*, mon essai sur une distribution naturelle et générale des plantes.

jamais on n'en contestera le fondement, et qu'il est utile pour vous de ne les point perdre de vue dans vos études.

Mais pénétrons plus avant, afin de vous montrer combien le champ que vous entreprenez de cultiver est vaste, d'un grand intérêt et digne de l'attention que vous voulez lui sacrifier.

Puisqu'il y a pour les animaux un ordre qui appartient à la nature, et selon lequel ces corps vivans doivent être rangés pour former la *méthode naturelle ;* voyons si nous avons des moyens non arbitraires pour reconnoître cet ordre et pour en déterminer les principales parties.

D'abord je remarque que si l'on considère l'organisation de tous les animaux connus, bientôt on apperçoit parmi eux l'existence de différens *systêmes d'organisation* qui semblent plus ou moins isolés les uns des autres, et qui embrassent des groupes plus ou moins considérables d'animaux divers, avec lesquels nous formons nos classes, leurs ordres et les grandes familles. Le systême d'organisation des mammifères n'est assurément pas le même que celui des oiseaux, ni celui-ci le même que celui des reptiles, et vous savez assez que le systême d'organisation des poissons est différent de tous les autres.

Ces systêmes d'organisation, comme je vous l'ai dit, ne nous paroissent isolés et susceptibles d'être circonscrits par des caractères qui en marquent les limites, que parce que nous ne connoissons pas tous les animaux qui existent, ainsi que les espèces qui peut-être sont entièrement perdues. Ce sont en effet des portions de la série générale, et il y lieu de penser que ces portions de série se nuancent et se confondent par leurs extrémités avec les portions de la même série qui en sont voisines.

Je remarque ensuite qu'en considérant ces différens systêmes d'organisation, et qu'en examinant leur composition particulière, on voit clairement qu'ils diffèrent les uns des autres par une complication plus ou moins grande dans l'organisation qui les constitue, et qu'il est possible, qu'on est même forcé par la considération des rapports, de les distribuer en une série unique et générale, ayant à une de ses extrêmités le systême d'organisation le plus simple ou celui qui offre le moins d'organes particuliers, et à l'autre extrêmité le systême organique le plus parfait, le plus composé en organes divers, et conséquemment celui qui donne à l'animal qui en est formé les facultés les plus nombreuses.

Ce sont là des faits positifs ; ce sont les résultats incontestables des connoissances actuelles que nous devons à l'observation et aux progrès évidens de l'anatomie comparée.

Si l'on peut former, et même si la conservation des rapports naturels exige que l'on forme une *série générale* dans laquelle tous les animaux connus seront distribués ; la formation non arbitraire de cette série ne pourra s'exécuter facilement que par le placement des *masses*, comme je l'ai déjà prouvé ailleurs (*Rech. sur l'organisation des corps vivans*, p. 39), et non par la distribution des espèces ni même des genres.

Or, par les *masses* d'animaux, j'entends les classes naturelles et les grandes familles, c'est-à-dire les grandes portions reconnoissables de l'ordre de la nature ; et en disant que c'est uniquement par le placement de ces portions de l'ordre de la nature que la série générale peut être formée, je me fonde sur la connoissance acquise, qui nous apprend que les animaux que comprend chacune de ces classes ou de ces grandes familles, présentent dans leur organisation un système d'organes particuliers qui leur est propre et essentiel ; et sur ce que ces systèmes particuliers d'organes diffèrent entr'eux d'une manière évidente par des degrés de complication et de perfectionnement d'organisation, qui fixe, sans arbitraire de notre part, la place que chacun d'eux doit occuper dans la série générale.

Ce sont encore là des faits certains, et non des produits du raisonnement ni d'aucune opinion particulière. On peut donc assurer que dans le règne animal, l'état de l'organisation et son degré de composition dans chaque masse, règlent d'une manière forcée le rang que doivent avoir, dans l'ordre général, toutes les grandes masses qui appartiennent à ce règne.

S'il y a encore des distributions arbitraires en zoologie, ce n'est plus maintenant que dans celles qu'on exécute pour chaque classe particulière. Aussi vous voyez encore tous les jours de nouvelles distributions présentées pour la classe des mammifères, pour celle des oiseaux, pour celle des poissons, pour celle des insectes, &c. et vous allez en sentir la raison.

Je vous ai dit que chaque masse distincte a son système particulier d'organes essentiels, et que ce sont ces systèmes particuliers qui vont en se dégradant depuis celui qui présente la plus grande complication, jusqu'à celui qui est le plus simple. Mais chaque organe considéré isolément, ne suit pas une marche aussi régulière dans ses dégradations : il la suit même d'autant moins qu'il a lui-même moins d'importance. *Rech. sur les corps vivans*, p. 41.

Il vous est facile de sentir que cela vient de ce que les organes les moins essentiels des animaux sont plus soumis que les autres aux influences des causes extérieures qui les modifient avec le temps en raison de leur diversité. Il en résulte, que pour ranger sans arbitraire les espèces et même les genres dans la série générale, on ne doit pas avoir la même facilité que pour placer dans cette même série les principales *masses*, c'est-à-dire les classes et les grandes familles [1].

Maintenant que les progrès de l'anatomie comparée nous ont fait connoître les principaux systêmes d'organisation dont le règne animal nous offre des exemples, qu'ils nous ont montré par les caractères qui distinguent ces systêmes, différens degrés dans la complication de l'organisation des animaux que chacun d'eux embrasse, et qu'enfin ils nous ont conduit, en fixant le rang que doit occuper chaque masse, c'est-à-dire chaque systême d'organisation, à déterminer, pour les animaux en général, un ordre qui n'a rien d'arbitraire, et que nous pouvons considérer comme l'ordre même de la nature ; je trouve dans ces importantes considérations des moyens très-suffisans pour soulever le voile épais qui nous cachoit le plus grand des secrets de la nature, celui qui est relatif à *l'origine de tous les corps naturels*.

Je ne dois pas aujourd'hui vous exposer comment la nature me paroît être parvenue à faire exister tous les corps naturels que nous observons, et qui font le sujet de vos études ; comment tous ces corps étant véritablement ses productions, il a suffi que quelques-uns d'entr'eux aient été formés directement par elle, tandis qu'elle n'a participé à l'existence de tous les autres qu'indirectement, les ayant fait successivement dériver des premiers, en opérant peu à peu et à la suite de beaucoup de temps, des changemens et une composition croissante dans l'organisation de ces corps vivans, et en conservant toujours par la voie de la réproduction les modifications acquises, ainsi que les perfectionnemens obtenus.

(1) On y peut cependant parvenir, car l'ordre de la nature entre les objets qui appartiennent à une classe, existe aussi réellement que celui qui concerne les classes elles-mêmes. Mais cet ordre entre les objets d'une classe est en général moins simple, forme le plus souvent une série rameuse, et de là se trouve beaucoup plus difficile à saisir.

Je ne dois pas non plus vous dire pourquoi, en formant directement les premiers corps organisés, elle n'a pu opérer en eux que le système d'organisation le plus simple de tous, et en quelque sorte qu'une première ébauche d'organisation ; ni pourquoi dans cette opération aussi admirable qu'importante, elle ne travaille que sur de très-petites masses de matière dans l'état gélatineux, qu'elle transforme en *corps cellulaires*, dans lesquels l'organisation prend naissance, le *tissu cellulaire* étant la gangue dans laquelle tous les organes des corps vivans ont été successivement formés ; ni enfin pourquoi l'eau, la chaleur, la lumière, et les fluides subtils ambians sont, dans ses mains, des instrumens qu'elle sait employer pour opérer cette merveille.

Il seroit en effet très-inconvenable de votre part de vous occuper de ces grandes considérations dans vos études commençantes ; vous vous exposeriez à vous égarer par l'imagination, et vous perdriez un temps précieux que maintenant vous ne devez employer qu'à vous instruire des faits connus.

J'invite donc ceux d'entre vous qui n'ont pas une expérience consommée dans l'observation de la nature, à ne prendre à l'égard des grands objets dont je viens de parler, aucune prévention soit favorable, soit défavorable.

Je les invite sur-tout à ne se laisser entraîner sur ce sujet par l'influence d'aucune autorité quelconque ; car ici c'est à l'expérience, à l'observation, à la considération des faits, et à la raison seules qu'il faut s'en rapporter, et non à l'opinion des hommes.

En rassemblant les observations et les faits maintenant recueillis sur l'organisation des corps vivans, et sur les phénomènes qui en résultent, si j'ai montré les conséquences qui en dérivent nécessairement, je n'ai fait qu'indiquer celles que chacun de vous eut tirées lui-même, s'il eût eu mon expérience dans l'observation, et que désigner celles qu'on sera vraisemblablement toujours forcé d'admettre, lorsque la réunion des faits dont je parle sera mûrement considérée.

Ainsi quand j'ai dit que le *tissu cellulaire* est la gangue dans laquelle tous les organes des corps vivans ont été successivement formés, et que le mouvement des fluides dans ce tissu [1] est le moyen

---

[1] Le propre du mouvement des fluides dans les parties souples des corps vivans (dans le tissu cellulaire) est de s'y frayer des routes, des lieux de dépôt et des issues ; d'y créer des canaux et par suite des organes divers ; d'y varier ces canaux et ces organes, à raison de la diversité soit des mouvemens, soit de la nature des fluides qui y donnent lieu ; enfin d'agrandir, d'alonger, de diviser et de solidifier graduellement ces

qu'emploie la nature pour créer et développer peu à peu ces organes, je ne crains pas de me voir arrêté par des preuves tirées de faits qui attestent le contraire ; car c'est en consultant les faits eux-mêmes, qu'on peut se convaincre que tout organe quelconque a été formé dans le *tissu cellulaire*, puisqu'il en est par-tout enveloppé, même dans ses moindres parties.

Aussi voyons-nous que, dans l'ordre naturel, soit des animaux, soit des végétaux, ceux dont l'organisation est la plus simple, et qui conséquemment sont placés à l'une des extrémités de l'ordre, n'offrent dans leur corps qu'une masse de tissu cellulaire dans laquelle on n'apperçoit encore ni vaisseaux, ni glandes, ni viscères quelconques ; tandis que ceux des corps vivans qui ont l'organisation la plus composée, et qui par cette raison sont placés à l'autre extrémité de l'ordre, ont tous leurs organes tellement enfoncés dans le tissu cellulaire, que ce tissu forme généralement leurs enveloppes, et constitue pour eux ce milieu par lequel ils communiquent, et qui donne lieu à ces métastases subites si connues de tous ceux qui s'occupent de l'art de guérir.

Comparez dans les animaux l'organisation simple des *polypes* qui n'offrent qu'un corps gélatineux, uniquement formé de tissu cellulaire, avec l'organisation très-composée des mammifères qui présentent un tissu cellulaire toujours existant, mais enveloppant une multitude d'organes divers, et vous jugerez si les considérations que j'ai publiées sur ce sujet important sont les résultats d'un système imaginaire.

Comparez de même dans les végétaux, l'organisation très-simple des algues et des champignons, avec l'organisation très-composée d'un grand arbre ou de tel autre végétal dicotylédon quelconque, et vous déciderez si le plan général de la nature n'est pas par-tout le même, malgré les variations infinies que ses opérations particulières vous présentent.

---

canaux et ces organes, par les matières qui se forment et se séparent sans cesse des fluides composés qui y sont en mouvement, et dont une partie s'assimile et s'unit aux organes, tandis que l'autre est rejetée au-dehors. *Recherches sur l'organisation des corps vivans*, p. 8.

Il en résulte que le propre du *mouvement organique* est non seulement de développer l'organisation, mais encore de la composer peu à peu, en multipliant les organes et les fonctions à remplir, à mesure que de nouvelles circonstances dans la manière d'être et de vivre, ou que de nouvelles habitudes contractées par les individus, exigent de nouvelles fonctions et conséquemment de nouveaux organes.

Alors vous verrez que, dans les animaux les plus imparfaits, comme les *polypes*, et dans les végétaux les moins parfaits, comme les *algues* et les *champignons*, il n'existe nulle trace de vaisseaux quelconques ; enfin, vous reconnoîtrez que l'organisation très-simple de ces corps vivans n'offre qu'un tissu cellulaire dans lequel les fluides qui le vivifient se meuvent avec lenteur ; et que ces corps dépourvus d'organes spéciaux, ne se développent, ne s'accroissent, et ne se multiplient ou ne se régénèrent que par une faculté d'*extension* et de *séparation* de parties réproductives, qu'ils possèdent dans un degré très-éminent.

Ayant mis en opposition l'intérêt des moyens qui ont été imaginés pour nous assurer la jouissance des productions de la nature, avec cet intérêt philosophique qu'inspirent les connoissances que nous pouvons acquérir sur la nature elle-même, je crois que vous êtes maintenant convaincus que le principal objet que le naturaliste doit avoir en vue dans ses travaux, c'est de connoître tout ce que la nature offre de toutes parts à nos observations ; de se former une juste idée de sa marche et des loix qui la constituent ; de pénétrer ses moyens et ses mystères ; enfin, de découvrir comment elle a pu donner l'existence à ses productions, et comment elle parvient sans cesse à les renouveler.

Et quant à la voie qu'il importe le plus au naturaliste de suivre pour atteindre ce but, vous êtes sans doute persuadés maintenant qu'elle consiste à donner plus d'attention à la méthode naturelle, à l'étude des rapports entre les objets, et à la connoissance de tous les phénomènes de l'organisation, qu'à la détermination et à la dénomination des genres et des espèces.

En effet, dans l'étude des corps naturels qui possèdent la vie, croyez que ce qu'il y a de plus important pour vous à considérer, c'est l'organisation même de ces corps ; ce sont tous les phénomènes qui tiennent aux développemens et à la réproduction des corps vivans dont il s'agit ; ce sont les effets des influences que ces corps reçoivent des circonstances dans lesquelles ils se trouvent, des lieux et des climats où ils vivent ; ce sont encore les effets des influences que leurs organes particuliers reçoivent d'un usage fortement augmenté ou diminué dans les individus et dans leur race ; enfin, dans les animaux, ce sont les suites de leurs habitudes, de leur manière de vivre que vous devez principalement étudier, en comparant toujours les rapports qui se trouvent entre ces habitudes et la conformation des individus qui y sont assujettis.

Je termine par un conseil que mon expérience me met dans le cas d'offrir à ceux d'entre vous que le goût et des circonstances favorables portent à se livrer à l'étude des sciences naturelles.

En vous dévouant à l'étude de la nature et de ses productions, envisagez d'abord dans leur ensemble les objets que vous vous proposez de connoître ; considérez bien cet ensemble sous ses différens points de vue, afin de vous pénétrer suffisamment du sujet de votre entreprise, et du but où vous tendez ; et ensuite descendez par degrés dans l'examen et l'étude des masses, en commençant par les plus grandes ou celles du premier ordre, et vous occupant après de celles qui leur sont subordonnées. Vous terminerez, si vous en avez le loisir, par l'étude des objets particuliers, telle que celle des races ou espèces, et celle de leurs caractères distinctifs, ainsi que de toutes les particularités qu'elles pourront vous offrir. Enfin, vous vous instruirez, si cela vous intéresse, des noms qu'on leur a donnés ; mais vous ne confondrez jamais à leur égard ce qui appartient à la nature avec ce qui n'est que le produit de l'art. Telle est la marche de la *méthode d'analyse*, si bien développée par *Condillac*, et la seule véritablement favorable aux progrès de nos connoissances.

Ce sera cette *méthode d'analyse* que nous suivrons dans ce cours, où nous passerons successivement en revue toutes les classes des *animaux sans vertèbres*, nous occupant principalement par-tout de la philosophie de la science, ainsi que des objets essentiels à la connoissance des animaux que nous aurons en vue.

Dans notre prochaine séance, nous examinerons les généralités relatives aux animaux sans vertèbres.

GÉNÉRALITÉS

Relatives aux animaux sans vertèbres et à leur classification.

Vous avez vu dans l'exposé que je vous ai fait dernièrement, que le vrai moyen de parvenir à bien connoître un objet, même dans ses plus petits détails, c'est de commencer par l'envisager dans son entier ; par examiner d'abord soit sa masse, soit son étendue, soit l'ensemble des parties qui le composent ; par rechercher quelle est sa nature et son origine, quels sont ses rapports avec les autres objets connus ; en un mot par le considérer sous tous les points de vue qui peuvent nous éclairer sur toutes les généralités qui le concernent. On divise ensuite l'objet dont il s'agit en ses parties principales pour les étudier et les considérer séparément sous tous les points de vue qui peuvent nous instruire à leur égard ; et en continuant ainsi à diviser et à sous-diviser ses parties que l'on examine successivement, on pénètre jusqu'aux plus petites, dont on recherche les particularités, ne négligeant pas les moindres détails.

C'est par cette voie seule que l'intelligence humaine peut acquérir les connoissances les plus vastes, les plus solides et les mieux liées entr'elles dans quelque science que ce soit, et c'est uniquement par cette méthode d'analyse, que toutes les sciences font de véritables progrès, et que les objets qui s'y rapportent ne sont jamais confondus et peuvent être connus parfaitement.

Malheureusement on n'est pas dans l'usage de suivre cette méthode en étudiant l'histoire naturelle. La nécessité de bien observer les objets particuliers pour les connoître, a fait croire qu'il falloit commencer l'étude par considérer uniquement ces objets dans leurs plus petits détails, et à la fin ils sont devenus non-seulement le sujet principal, mais même le but entier de l'étude. On se borne à n'y voir et à n'y rechercher que leur forme, leur dimension, leurs parties externes même les plus petites, leurs couleurs, &c. : en sorte que parmi ceux qui se livrent à une pareille étude, rarement s'en trouve-t-il un qui ait le courage, je dis plus, qui daigne s'élever à quelque considération supérieure et rechercher quelle est la nature des objets dont il s'occupe, quelles sont les causes de modification et de variation auxquelles ils sont tous assujettis, quels sont les rapports de ces objets entr'eux et avec tous les autres que l'on connoît, &c.

Or, comme on veut tracer la marche de la nature avant de l'avoir observée, delà vient que nous remarquons tant de divergence dans ce qui est enseigné à cet égard, soit dans les ouvrages d'histoire naturelle soit ailleurs ; delà vient encore que ceux qui ne se sont livrés qu'à l'étude *des espèces* ne saisissent que très-difficilement les rapports généraux entre les objets, n'apperçoivent nulle part le plan de la nature, ne reconnoissent aucune de ses loix, et qu'enfin habitués à ne s'occuper que de menus détails, ils se laissent facilement abuser par les systêmes arbitraires qu'on publie tous les jours sur les diverses parties de l'histoire naturelle, ou n'en forment eux-mêmes que de semblables.

Dans un ouvrage qui vient de paroître sur la *zoologie*, l'auteur après avoir fait l'éloge de l'étude particulière des espèces, assure que la *connoissance des espèces est ce qui constitue le véritable naturaliste.*

Nous ne suivrons pas une méthode qui rétrécit et borne ainsi les idées ; elle consumeroit tout notre temps presque sans utilité, et mettroit le plus grand obstacle à l'instruction que nous pouvons acquérir, en considérant d'une manière convenable, l'objet dont nous voulons nous occuper dans ce cours.

Les *animaux sans vertèbres* constituent cet objet : nous allons donc d'abord considérer les généralités les plus importantes qui les concernent. Ainsi nous allons tâcher d'embrasser par l'imagination le vaste ensemble que présentent ces nombreux animaux dans la nature ; nous nous efforcerons de nous élever suffisamment pour dominer les masses dont cet ensemble paroît composé, afin de les comparer entr'elles, de les bien juger, de découvrir la nature de leurs rapports et de reconnoître les traits principaux qui les caractérisent.

Comme tous les corps vivans qui existent se partagent nettement en *deux règnes* particuliers, d'après des considérations que vous connoissez très-bien, je ne vous parlerai point des différences essentielles qui distinguent les animaux des végétaux ; elles vous sont sans doute assez connues, et vous savez sûrement, malgré ce qu'on en a dit, qu'il n'y a pas de véritable nuance par aucun point entre ces deux règnes, et par conséquent qu'il n'y a point d'animaux plantes, ce qu'exprime le mot *zoophyte*, ni de plante-animale. L'irritabilité dans toutes ou dans certaines parties, est le caractère le plus général des animaux ; elle l'est même plus que la faculté des mouvemens volontaires, et que la faculté de sentir ; et tous les végétaux sans en excepter même les plantes dites *sensitives*, ni celles qui meuvent certaines de leurs parties à un premier attouchement, sont complètement dépourvus d'irritabilité, ce que j'ai fait voir ailleurs.

Mais, laissant à l'écart des considérations qui pourroient nous écarter de notre objet, je vous ferai remarquer que tous les animaux qui sont dans la nature, considérés dans leur ensemble et dans leur organisation, présentent les moyens d'établir parmi eux deux grandes divisions extrêmement remarquables.

En effet, les uns offrent dans leur organisation une *colonne vertébrale* qui fait la base du squelette articulé dont ils sont munis ; tandis que dans les autres une pareille colonne vertébrale manque entièrement, et conséquemment ceux-ci n'ont pas de véritable squelette.

Ayant le premier reconnu cette distinction essentielle, j'ai donné aux animaux de la première division le nom d'*animaux à vertèbres*, et vous savez que c'est parmi eux que se trouvent les animaux les plus parfaits en organisation, et les plus riches en facultés diverses.

Ces animaux sont : 1°. les Mammaux.
2°. les Oiseaux.
3°. les Reptiles.
4°. les Poissons.

Outre que ces animaux ont une organisation plus composée que les autres, et un plus grand nombre de facultés, le squelette articulé dont ils sont munis et qui affermit leur corps, facilite la diversité de leurs mouvemens, parce qu'il donne lieu à un plus grand nombre de muscles, leur fournit plus de points d'appui, et ainsi augmente et diversifie les facultés de ces animaux.

Tous sont munis d'un véritable sang, dont la couleur est constamment rouge ; et cette couleur rouge du sang des animaux vertébrés ne lui est point étrangère ; elle n'est point empruntée de la couleur propre des alimens de ces animaux, mais elle est essentielle à la nature de leur sang.

Les *animaux à vertèbres*, vous le savez, sont les plus généralement connus, les plus grands, les plus forts des animaux ; ils se multiplient tous uniquement par la génération sexuelle ; les mouvemens de leurs fluides essentiels s'exécutent en eux par une véritable circulation ; et outre que leurs parties ou la plupart d'entr'elles sont douées de l'*irritabilité*, faculté qui appartient généralement et exclusivement aux animaux, ils jouissent de plus de la faculté de sentir, possédant tous des organes propres qui la leur donnent.

Quant aux animaux de la seconde division, je les ai nommés *animaux sans vertèbres ;* parce qu'en effet ils sont éminemment distingués de ceux qui appartiennent à la première division, en ce qu'ils n'ont point de *colonne vertébrale* ni de squelette articulé, et que tous sont dépourvus de véritable sang.

Les uns et les autres composent la totalité du règne animal, et on remarque parmi eux des masses et des groupes divers, que nous saisissons pour former parmi eux des classes, des ordres, de grandes familles, &c. dont la coordination, d'après la considération de l'organisation de ces animaux, présente une série unique, non arbitraire, qui peut être rameuse, mais n'a point de véritable discontinuité dans ses parties.

J'ai fait voir, dans mon ouvrage intitulé *Recherches sur l'organisation des corps vivans* (p. 12 et suiv.), que dans la série unique que forment tous les animaux par la coordination de leurs masses, il existe, de la manière la plus évidente, une *dégradation* soutenue dans la composition de l'organisation des différens animaux connus, en partant de l'extrémité de la série où se trouvent les animaux les plus parfaits, et se dirigeant vers celle qui est formée par les animaux dont l'organisation est la plus simple.

Cette dégradation dans la composition de l'organisation des animaux, est un fait maintenant bien établi, et l'on sait qu'elle produit une diminution progressive et proportionnée dans le nombre des facultés de ces corps vivans.

En effet, si l'on examine avec attention l'organisation et les facultés de tous les animaux connus, on est maintenant forcé de reconnoître que la totalité des animaux qui existent, constitue une *série de masses* formant une véritable chaîne, et qu'il règne d'une extrémité à l'autre de cette chaîne, une dégradation réelle, quoiqu'irrégulière, dans la composition de l'organisation des animaux qui forment cette chaîne, ainsi qu'une diminution proportionnée dans le nombre des facultés de ces animaux.

Voilà un fait bien positif, et qu'assurément l'on ne pourra jamais raisonnablement contester.

Si dans la série nuancée dont je parle, on observe encore des interruptions diverses et plus ou moins considérables, il paroît, comme je vous l'ai dit, que ces interruptions proviennent des vides qui nous restent à remplir par la découverte de bien des animaux qui existent, et que nous ne connoissons pas encore. Cela est d'autant plus fondé, que nous voyons clairement, qu'à mesure que de nouvelles découvertes enrichissent nos collections, plusieurs de ces vides se comblent ou commencent à se combler.

Il résulte de ces diverses considérations, que si à l'une des extrémités de la chaîne animale se trouvent les animaux les plus parfaits à tous égards, c'est-à-dire ceux dont l'organisation est la plus compliquée, et qui ont les facultés les plus nombreuses, l'on voit nécessairement à l'extrémité opposée, les animaux les plus simples en organisation, en un mot, les plus imparfaits qui puissent se trouver dans la nature.

Cette admirable *dégradation* dans la composition de l'organisation des animaux, et cette diminution progressive dans le nombre des facultés animales, sont bien dignes de fixer votre attention dans le cours de vos études ; car vous sentez qu'elles conduisent au terme, en quelque sorte, inconcevable de l'*animalisation*, c'est-à-dire à celui où sont placés les animaux les plus simplement organisés, en un mot, où se trouvent ceux qu'on soupçonne à peine doués de l'animalité, qui en sont vraisemblablement les premières ébauches.

Vous connoissez les conséquences importantes que j'ai tirées de cette grande considération (je les ai publiées dans mes *Recherches sur l'organisation des corps vivans*) ; et dans notre dernière séance, je vous en ai exposé quelques autres qui en dérivent et qui n'ont pas moins d'importance. Vous avez vu qu'elles sont susceptibles de fixer vos idées sur ce qu'on nomme *espèce* parmi les corps qui jouissent de la vie, et sur la manière dont, à l'aide du mouvement des fluides, les divers organes des corps vivans ont dû se former et se développer successivement dans le *tissu cellulaire*. Enfin, je vous ai fait remarquer que ce *tissu cellulaire* est la gangue universelle ou la matrice de tout système d'organisation, et qu'il enveloppe effectivement toute espèce d'organe.

Je serai suffisamment entendu à cet égard, par ceux d'entre vous qui ont beaucoup disséqué, et qui savent que les membranes qui forment les enveloppes du cerveau, des nerfs, des vaisseaux, des glandes, des viscères, des muscles et de leurs fibres ; que la peau même du corps, sont généralement des productions du *tissu cellulaire*.

Je n'ai pas besoin de vous faire sentir que dans diverses parties de son intérieur, le *tissu cellulaire* s'étant trouvé resserré latéralement par les fluides en mouvement qui s'y ouvroient un passage, a été affaissé sur lui-même, comprimé et transformé autour de ces masses courantes de fluide, en membranes enveloppantes ; et qu'à l'extérieur étant sans cesse comprimé par la pression des fluides environnans (soit les eaux, soit les fluides atmosphériques), et modifié par des impressions externes, ce même *tissu cellulaire* a formé cette enveloppe générale du corps qu'on nomme *peau*.

Sans vous rappeler aucuns des détails relatifs à cet objet, je me bornerai à vous dire que l'étonnante *dégradation* dont je viens de vous parler tout à l'heure, et qui est extrêmement frappante dans les *animaux à vertèbres*, c'est-à-dire dans les mammaux, les oiseaux, les reptiles et les poissons, n'est pas moins remarquable dans les *animaux sans vertèbres*. Elle s'y manifeste d'une manière aussi évidente et l'on voit dans les uns comme dans les autres, que l'organisation des animaux se dégrade de classe en classe de telle sorte que tous les organes essentiels, après avoir subi divers changemens, cessent peu à peu d'être particuliers à certaines parties du corps, s'étendent par-tout, et disparoissent ensuite successivement et totalement.

Aussi, vers cette extrémité singulière du règne animal, les animaux infiniment petits que nous pouvons encore appercevoir, sont des corps vivans gélatineux, transparens, à peine perceptibles, et d'une organisation si simple, qu'ils n'offrent plus en quelque sorte que des ébauches d'animalité.

Passons à la définition des *animaux sans vertèbres*, et donnons quelqu'attention aux considérations générales qu'ils nous offrent.

DÉFINITION.

Les *animaux sans vertèbres* sont ceux qui sont dépourvus de *colonne vertébrale*, c'est-à-dire qui n'ont pas cette colonne dorsale, presque toujours osseuse, composée d'une suite de pièces articulées, terminée à son extrêmité antérieure par la tête de l'animal, à l'autre extrêmité par sa queue, et qui fait la base de tout squelette véritable.

Les animaux qui manquent de colonne vertébrale sont en général les plus petits et les moins connus des animaux ; et cependant ce sont ceux qui sont les plus multipliés et les plus nombreux qui existent dans les diverses parties de notre globe. Une seule de leurs classes, celle par exemple des *insectes*, équivaut pour le nombre et la diversité des objets qu'elle comprend, au règne végétal entier.

Il est reconnu qu'ils ont une organisation moins composée et moins perfectionnée que les animaux à vertèbres, qu'ils ont en conséquence beaucoup moins de facultés, et on peut dire que c'est en observant principalement ces singuliers animaux qu'on peut recueillir les faits les plus lumineux et faire les remarques les plus décisives sur l'origine de ces corps vivans, sur la formation et les développemens de leurs organes divers.

Ces animaux ont le corps mollasse ou affermi par la consistance coriace et quelquefois crustacée de leurs tégumens. Ils sont éminemment contractiles, au moins dans certaines de leurs parties, sur-tout ceux qui n'ont point leurs tégumens coriaces ; et au lieu de sang, ils n'ont réellement qu'une *sanie blanchâtre* par sa nature, mais qui, dans un très-petit nombre, ne se trouve plus ou moins rougeâtre, que parce que cette sanie se colore par un sang étranger dont vivent ces animaux.

La rapidité de la dégradation de l'organisation des animaux sans vertèbres est si grande, et les systêmes organiques particuliers qu'ils présentent sont tellement diversifiées entr'eux, que les animaux de cette division paroissent n'avoir de commun les uns avec les autres que le caractère d'animal, et que le défaut de colonne vertébrale.

Cependant en les examinant avec beaucoup d'attention, on s'apperçoit qu'ils offrent encore quelques considérations plus ou moins générales par lesquelles ils sont liés les uns aux autres.

Ceux qui ont un systême médullaire ou nerveux, n'en ont jamais les parties principales enfermées dans une boîte et dans une gaîne solide et osseuse, comme on le voit dans les animaux à vertèbres ; et dans tous ceux qui ont des parties dures qui maintiennent leur corps, ce sont toujours des tégumens ou des enveloppes extérieures qui font cet office.

Aucun des animaux sans vertèbres n'a de pattes comparables à celles des animaux à vertèbres qui en possèdent ; car dans celles-ci les os qui les affermissent sont des dépendances véritables du squelette ; aussi ne sont-elles jamais au-delà de quatre.

L'homme voulant toujours forcer la nature à se plier à ses vues habituelles et bornées, résiste tant qu'il peut à reconnoître la grande diversité de ses moyens et ses ressources infinies : delà vient que ceux qui cessent de trouver dans tel systême d'organisation soit des nerfs, soit des vaisseaux, soit des muscles, soit telle autre sorte d'organe quelconque, pensent toujours néanmoins que ces parties ne cessent pas pour cela d'y exister ; mais ils disent que ces parties sont si déliées qu'on ne peut alors parvenir à les appercevoir ou à les distinguer.

On s'obstine même contre l'évidence, à vouloir toujours voir les choses de la même manière, tant est grande la force qui entraîne l'homme vers ses habitudes.

C'est ainsi que les Botanistes, habitués à observer les organes sexuels d'un grand nombre de plantes, veulent que toute plante, sans exception, ait de semblables organes. En conséquence, plusieurs d'entr'eux ont fait tous les efforts imaginables à l'égard des plantes cryptogames ou agames, pour y découvrir des étamines et des pistils; et ils ont mieux aimé en attribuer arbitrairement et sans preuves les fonctions à des parties dont ils ne connoissent pas l'usage, que de reconnoître que la nature sait parvenir au même but par différens moyens.

On s'est persuadé que tout corps reproductif est une graine ou un œuf, c'est-à-dire un corps qui pour être reproductif a besoin de recevoir l'influence de la fécondation sexuelle. C'est ce qui a fait dire à Linnée, *omne vivum ex ovo*. Mais nous connoissons très-bien maintenant dans les végétaux, ainsi que dans les animaux, des corps reproductifs, qui ne sont ni œufs ni graines, et qui conséquemment n'ont aucun besoin de fécondation sexuelle. Aussi ces corps sont-ils conformés différemment, et se développent-ils d'une autre manière. Ce sont les bulbes et les gemmes dont je veux parler, et au moyen desquels quantité de végétaux et quantité d'animaux se régénèrent.

Faites bien attention au principe général que je vais vous exposer, et lorsque vous l'aurez suffisamment constaté, en le soumettant à l'examen des faits qui le concernent, vous en retirerez toute la lumière nécessaire pour concevoir une des plus importantes opérations de la nature, la *régénération des individus* : le voici.

Tout corpuscule végétal (ou animal) qui sans se débarrasser d'aucune enveloppe, s'étend, s'accroît et devient un végétal (ou un animal) semblable à celui dont il provient, n'est point une graine (ni un œuf) : il ne subit aucune germination (ou n'éclot point) après avoir commencé de s'accroître, et sa formation n'a exigé aucune fécondation sexuelle. Aussi ne contient-il aucun embryon enfermé dans des enveloppes dont il soit obligé de se débarrasser, comme la graine ou l'œuf.

Or suivez attentivement les développemens des corpuscules reproductifs des algues, des champignons, &c.; et vous verrez, comme je l'ai vu moi-même, que ces corpuscules ne font que s'étendre et s'accroître pour prendre insensiblement la forme du végétal dont ils provienment, et qu'ils ne se débarrassent d'aucune enveloppe, comme le fait l'embryon de la graine et celui de l'œuf.

Suivez de même le *gemma* ou bourgeon qui se détache d'un polype comme d'une *hydre*, et vous serez convaincus qu'il ne fait aussi que s'étendre et s'accroître, et qu'il n'éclot point, comme fait le poulet ou le ver-à-soie qui sort de son œuf.

Vous aimez sûrement trop l'histoire naturelle pour regretter cette digression, vu son importance. Elle étoit d'ailleurs nécessaire, afin que les considérations essentielles que j'ai à vous présenter sur les *animaux sans vertèbres*, ne vous paroissent point de simples traits d'imagination, et je ne me permettrois pas de vous en occuper, si je ne m'étois auparavant assuré que ce sont des connoissances solides qu'il vous importe d'acquérir.

Il est donc évident que toute reproduction d'individu ne se fait point par la voie de la fécondation sexuelle, et que là où la fécondation sexuelle ne s'opère pas, il n'y a réellement point d'organe véritablement sexuel ; ce que l'examen de l'organisation des polypes et des plantes agames confirme clairement.

Or, prétendre qu'un polype a des nerfs, qu'il a des organes respiratoires, qu'il a des organes sexuels, &c. &c. c'est comme si l'on prétendoit qu'il a une colonne vertébrale, des yeux, des oreilles, &c. &c. quoique rien n'en indique l'existence, et quoique ses facultés, extrêmement bornées, attestent que s'il avoit de pareils organes, ils ne lui seroient d'aucun usage, ou bien il cesseroit d'être un polype.

Ne nous efforçons pas de plier la nature à nos vues ; mais observons-la soigneusement, et tâchons de reconnoître, que tendant sans cesse vers un but unique, et suivant constamment un plan général, partout le même, elle emploie néanmoins, pour atteindre son but, des moyens infiniment diversifiés.

Déjà nous avons des moyens solides pour énoncer que par-tout où un organe n'a pas d'emploi, il n'a pas non plus d'existence ; et nous pouvons ajouter, que par-tout où les bornes des facultés indiquent que tel organe seroit inutile, cet organe n'existe pas effectivement ; et ailleurs nous avons fait voir que par-tout où des besoins devenus nécessaires et constans ont exigé la possession de telle faculté dans les individus d'une race, les forces de la vie de chaque individu, dirigées constamment dans un sens approprié à cet égard, ont fait naître l'organe nécessaire à cette faculté, et l'usage soutenu de l'organe l'a développé proportionnellement.

Quantité d'observations que je ne puis exposer ici, attestent le fondement de cette loi de la nature, que vous aurez occasion de vérifier vous-mêmes avec le temps. Je reviens à mon sujet.

En suivant attentivement l'ordre naturel des animaux, et considérant les differens systêmes d'organisation de ces corps depuis le plus composé jusqu'au plus simple, on voit successivement chaque organe spécial, même les plus essentiels, se dégrader peu à peu, devenir moins particuliers, moins isolés, enfin se perdre et disparoître entièrement long-temps avant d'avoir atteint l'autre extrêmité de l'ordre. Or, il convient de vous faire remarquer que c'est principalement dans les *animaux sans vertèbres* qu'on voit s'anéantir la plupart des organes spéciaux.

A la vérité, même avant de sortir de la première division du règne animal, on apperçoit de grands changemens dans le perfectionnement des organes, et la disparition totale de quelques-uns d'entr'eux, comme la vessie urinaire, l'organe de la voix, les paupières, &c. ainsi, les poumons, l'organe le plus perfectionné pour la respiration, commence à se dégrader dans les reptiles, et est entièrement disparu dans les poissons où il est remplacé par des branchies ; et le squelette, dont les dépendances fournissent la base des quatre extrêmités que la plupart des animaux à vertèbres possèdent, commence à se détériorer principalement dans les reptiles, et finit entièrement avec les poissons. Mais c'est dans la division des *animaux sans vertèbres* qu'on voit s'anéantir le cœur, le cerveau, les branchies, les glandes conglomérées, les vaisseaux propres à la circulation, l'organe de l'ouie, celui de la vue, ceux de la génération sexuelle, ceux même du sentiment, ainsi que ceux du mouvement.

Je vous l'ai déjà dit, ce seroit en vain que vous chercheriez dans un polype, comme dans une hydre ou dans tout autre de cette classe, les moindres vestiges soit des nerfs (organes du sentiment), soit des muscles (organes du mouvement) : l'irritabilité seule dont tout polype est doué à un degré fort éminent paroît remplacer en lui, et la faculté de sentir, qu'il ne peut posséder puisqu'il n'en a pas l'organe essentiel, et la faculté de se mouvoir volontairement, puisque toute volonté est un acte de l'organe de l'intelligence et que cet animal est absolument dépourvu d'un pareil organe. Tous ses mouvemens sont des résultats nécessaires d'impressions reçues, et s'exécutent généralement sans possibilité de choix.

Vous pourrez vous convaincre de ces vérités à mesure que vous observerez vous-mêmes tous les faits qui s'y rapportent et que vous leur donnerez toute l'attention qu'ils méritent, ce que jusqu'à présent l'on a négligé de faire.

Mettez une hydre dans un verre d'eau, et lorsqu'elle sera fixée sur un point des parois du verre, tournez ce verre de manière que le jour frappe dans un point opposé. Vous verrez toujours l'hydre aller d'un mouvement lent, se placer dans le lieu où frappe la lumière, et y rester tant que vous ne changerez pas ce point. Elle suit en cela ce qu'on observe dans les parties des végétaux qui se dirigent nécessairement, c'est-à-dire sans aucun acte de volonté, vers le côté d'où vient la lumière. Vous verrez ensuite que tout corpuscule que cette hydre rencontrera avec ses tentacules, sera amené à sa bouche sans aucune distinction ; qu'elle le digérera et s'en nourrira s'il en est susceptible ; qu'elle le rejettera en entier s'il est conservé intact, ou qu'elle rendra ceux de ses débris qu'elle ne peut plus altérer ; mais dans tout cela même nécessité d'action, et jamais de choix qui permette de les varier.

Non, il n'est pas vrai, comme on l'a toujours dit, que la faculté de sentir et celle de se mouvoir volontairement soient générales et communes à tous les animaux.

Aussi dès la classe des *insectes*, qui sont encore fort éloignés de l'extrémité où finit le règne animal, on s'apperçoit avec évidence que dans ces animaux la faculté de sentir est déjà fort émoussée, quoiqu'on soit certain qu'elle y existe réellement, puisqu'ils ont des nerfs bien connus. Je vous ai exposé l'année dernière les observations qui ne laissent aucun doute sur l'imperfection du sentiment dans les insectes. Il paroît même que lorsqu'un organe, quoiqu'existant encore, est fort dégradé ou en quelque sorte appauvri, la faculté qu'il produit l'est pareillement. C'est ainsi que dans tout insecte parfait l'on trouve encore des yeux ; mais on a tout lieu de penser qu'ils voyent fort obscurément et qu'ils en font peu d'usage.

Mais dans les *radiaires* où l'organe du sentiment n'est plus perceptible, on est fondé à penser que la faculté de sentir n'existe point dans ces animaux et qu'ils sont réduits à ne posséder que l'*irritabilité ;* en effet on a su par des observations communiquées, qu'on peut couper à une étoile de mer une de ses branches, sans qu'elle paroisse s'en appercevoir.

De tous les animaux, ce sont les *animaux sans vertèbres* en qui les facultés de régénérer leurs parties et de se multiplier par divers modes de reproduction, ont le plus d'étendue.

En effet ces animaux se multiplient en général avec une facilité, une promptitude, et une abondance qui croissent avec la simplification de leur organisation, et avec les circonstances qui favorisent et entretiennent les mouvemens de la vie dans ces singuliers animaux (les hautes températures).

Dans ceux des dernières classes, vous verrez qu'une faculté *régénératrice* très-éminente, se trouve également répandue dans toutes les parties de l'animal. Aussi ces animaux composent-ils la branche du règne animal la plus nombreuse en espèces déjà connues; il y a même lieu de penser que la dernière classe des animaux sans vertèbres, celle des *polypes*, offre elle seule plus de diversité et beaucoup plus d'individus dans la nature que toutes les autres classes réunies du règne animal. Toutes les eaux du globe en sont remplies, et nous n'en avons effleuré par nos observations qu'une partie infiniment petite; nous ne pourrons même jamais aller beaucoup au-delà, quelles que soient nos recherches.

Enfin dans cette dernière classe, particulièrement dans le dernier de ses ordres, les animaux qui le composent n'ayant aucun organe spécial pour se multiplier, des scissions de parties que la nature effectue elle-même, sont les moyens qu'elle est forcée d'employer pour multiplier des animaux si simplement organisés.

C'est vraisemblablement dans ce dernier ordre que se trouve le terme extrême du règne animal, terme qui sans doute ne sera jamais connu, à cause de la petitesse infinie des espèces qui l'avoisinent, et de la grossièreté de nos sens qui s'oppose à ce que nous puissions parvenir à les appercevoir.

Résumé des Généralités.

Considérons donc les animaux sans vertèbres;

1°. Comme plus imparfaits que ceux qui sont munis d'un véritable squelette, et comme venant nécessairement après eux dans l'ordre de la simplification croissante de l'organisation;

2°. Comme ceux qui ont les facultés les plus bornées, quelque distance qu'il y ait parmi ces animaux entre ceux qui ont le plus de facultés, et ceux qui en ont le moins;

3°. Comme ceux qui sont les plus multipliés et les plus nombreux dans la nature ; car de tous les animaux, ce sont ceux en qui les facultés de régénérer leurs parties et de se multiplier par divers modes, ont le plus d'étendue ; et il est en effet remarquable, que les plus composés parmi eux sont *ovipares* et ont besoin d'une fécondation sexuelle ; que ceux qui suivent sont *gemmipares internes*, et semblent encore produire des œufs ; que ceux qui viennent après sont *gemmipares externes ;* et qu'enfin les derniers et les plus simples ne sont plus que *fissipares ;*

4°. Comme ayant un corps mollasse très-contractile, mais qui dans beaucoup d'entr'eux se trouve affermi par des tégumens coriaces ou crustacés qui l'empêchent de pouvoir se contracter et qui maintiennent ses parties ;

5°. Comme offrant dans leur ensemble une suite de groupes distincts, très-diversifiés par leur système particulier d'organisation, et par la forme générale des individus qui font partie de chaque groupe, mais dont les groupes comparés entr'eux présentent une série remarquable par la dégradation et la simplification croissante de l'organisation des animaux qui s'y rapportent ;

6°. Comme étant ceux qui offrent les faits les plus lumineux sur l'origine de tous les corps vivans, sur la leur propre, sur les moyens qu'a employés la nature pour les faire exister ; en un mot, sur la formation et les développemens de leurs organes divers ; car c'est parmi eux qu'on voit s'anéantir successivement le *cœur*, les *branchies*, les *glandes conglomérées*, les *vaisseaux* propres à la circulation, enfin les organes de l'*ouie*, de la *vue*, de la *génération sexuelle*, du *sentiment* et du *mouvement volontaire*. On voit tous ces organes disparoître avant d'avoir atteint l'extrêmité de la série naturelle de ces animaux ;

7°. Enfin, comme présentant à une des extrêmités de leur série, la première et la plus simple ébauche de l'animalité, celle que la nature a formée directement, et la seule qui puisse être dans ce cas.

Assurément une série d'animaux qui offrent tant de faits importans, mérite bien l'attention et l'intérêt des naturalistes ; et la connoissance de ces faits ainsi que celle des conséquences qu'ils entraînent, vaut bien l'étude fatigante de cette multitude de genres arbitraires de temps à autre changés, et de ces déterminations spécifiques la plupart insaisissables, qui font la base et l'unique but des études de presque tous ceux qui se livrent à quelque partie de l'histoire naturelle.

Je termine ces généralités sur les animaux sans vertèbres par une observation au moins curieuse et qui a peut-être de l'importance; elle concerne la *forme générale* des animaux considérée successivement dans chaque portion de la série entière qui les comprend tous, et elle fait appercevoir les mutations que cette forme éprouve à mesure que l'organisation se complique et se perfectionne.

En effet, si nous suivons l'ordre même des opérations de la nature, et si, remontant du plus simple vers le plus composé, nous parcourons la chaîne animale depuis les *polypes amorphes* ou microscopiques, jusqu'aux *animaux à mamelles*, alors nous verrons que les animaux les plus imparfaits ou les plus simples en organisation, tels que les *monades*, ont une forme globuleuse ou sphérique.

De cette forme, qui est la plus simple et la plus propre à une ébauche de corps vivant, la nature avançant un peu son opération fait passer les animaux qui suivent, comme les *volvoces*, les *protées*, les *vibrions*, à une forme ovalaire, lobée, alongée et instantanément changeante par l'extrême contractilité des animalcules gélatineux dont il s'agit. Mais comme elle n'a encore obtenu aucun point d'appui dans ces petits corps, toutes les variations qu'elle leur fait subir en les éloignant de la forme globuleuse, ne produisent que des formes irrégulières, toujours diversifiées, et dont aucune ne peut caractériser l'ordre de ces animaux imparfaits. Ce n'est que lorsque la nature est parvenue à ébaucher dans ces petits animaux le premier de tous les organes, un canal alimentaire, qu'elle les fait sortir peu à peu de cette irrégularité de forme, à laquelle auparavant elle ne pouvoit les soustraire.

Dès-lors, la nature arrivant à la production des *polypes rotifères*, on voit qu'elle tend à donner à ces animaux une forme particulière à leur ordre et qui devient de plus en plus régulière.

Dans l'ordre qui suit en montant, les *polypes à rayons* si nombreux et si multipliés, ne présentent plus le désordre des formes irrégulières: ils offrent tous un corps plus ou moins alongé, gélatineux en général, ayant à son extrémité supérieure une bouche entourée de tentacules disposés en rayons.

Conservant toujours sa tendance vers la régularité de forme, la nature développe et perfectionne le mode des *formes rayonnantes*, et parvient à faire exister les animaux qui composent la classe intéressante des *radiaires*.

Cependant, le besoin de former différens *organes spéciaux*, à mesure qu'elle complique l'organisation, et celui de parvenir à concentrer chacun de ces organes dans un lieu particulier pour augmenter leur puissance, ne lui permettent plus de conserver le mode des *formes rayonnantes*, et la forcent de le changer pour préparer le *mode des articulations* plus propres à ses vues.

Pour cet objet la nature passe à l'établissement d'une forme alongée, et bientôt elle divise les corps qu'elle y soumet en articulations nombreuses. Ces corps articulés, qui commencent à se montrer dans les *vers*, comme dans les *tœnia*, se trouvent ensuite généralement assujettis à ce caractère dans les animaux des trois classes qui suivent, savoir dans la nombreuse classe des *insectes*, dans celle des *arachnides* et dans celle des *crustacés*. Cette forme lui a servi à créer des organes spéciaux de première importance pour le perfectionnement des facultés, parce qu'avant de concentrer ces organes dans des lieux particuliers, elle lui a permis d'étendre dans toute la longueur du corps de l'animal, les principaux de ces organes, ce qui en facilitoit la création.

Parvenue néanmoins à la classe des *crustacés*, la nature commence à concentrer quelques-uns de ces organes, et le cœur, principal organe de la circulation et des branchies, organe spécial pour la respiration, sont déjà ébauchés d'une manière éminente.

L'organisation étant parvenue à ce degré de composition, la nature va dorénavant abandonner le mode des articulations et des affermissemens extérieurs, et préparer peu à peu le *squelette*, cette charpente interne si favorable à la diversité et à la puissance des mouvemens de l'animal, ainsi qu'aux autres perfectionnemens de ses facultés.

Dans les *annelides*, il n'y a plus que de fausses articulations, que des rides transversales, et ce ne peut être que dans les tentacules de celles qui en possèdent, qu'on pourroit encore en retrouver, ainsi que dans les *cirrhipèdes*.

Enfin dans les mollusques, on ne voit plus qu'un corps mollasse, non articulé ni annelé dans aucune de ses parties, mais dans plusieurs de ces animaux, la nature s'essaye à former des corps durs et internes, qui néanmoins ne tiennent encore rien du véritable squelette.

Arrivée aux poissons, la nature s'ouvre en quelque sorte une nouvelle carrière à parcourir; elle y ébauche une *colonne vertébrale* qui dans ceux du dernier ordre n'a encore qu'une foible consistance, et n'est que simplement cartilagineuse. Bientôt après, elle la solidifie et y ajoute une multitude de productions latérales, parmi lesquelles certaines sont destinées à esquisser les côtes qui doivent affermir la cavité principale du corps.

Dans les reptiles, la nature achève de compléter le squelette, et c'est là qu'elle commence à développer les quatre appendices ou dépendances de ce squelette, c'est-à-dire les quatre membres qu'on retrouve ensuite dans tous les animaux des classes supérieures. Ces quatre membres sont tous formés sur le même plan de composition, mais ils sont très-diversifiés dans les proportions des pièces. Une partie des reptiles n'a encore aucun de ces membres, d'autres en ont deux, et tous les autres en ont quatre.

Enfin c'est dans les reptiles que la nature commence à créer l'organe de la voix, tous les animaux des classes postérieures en étant généralement dépourvus.

Qu'elle est curieuse cette gradation dans la composition de l'organisation des animaux, dont je ne viens que de tracer la plus foible esquisse ! Quelle lumière n'offre-t-elle pas pour nous découvrir le plan des opérations de la nature !

DIVISION DES ANIMAUX SANS VERTÈBRES.

Puisqu'il nous est impossible de nous reconnoître au milieu de l'immense série d'animaux divers que présente le règne animal sans avoir de distance en distance différentes sortes de points de repos, et sans former dans l'étendue de cette série différentes divisions propres à nous en faire saisir et l'ensemble et les détails ; voyons si dans les *animaux sans vertèbres*, il n'existe pas, pour le placement des grandes masses, un ordre tout aussi évident et tout aussi forcé que celui que nous avons remarqué dans les animaux à colonne vertébrale.

Si vous donnez quelqu'attention à ce que je vous exposerai dans ce Cours, je crois que vous serez convaincus qu'un pareil ordre existe parmi les animaux sans vertèbres comme parmi les autres ; que cet ordre est celui de la nature ; qu'il n'a rien d'arbitraire ; qu'il ne tient point à des opinions systématiques ; qu'il ne peut être contrarié et suppléé que par des opinions de cette sorte ; et qu'enfin les grandes divisions ou classes que je vais vous exposer, composent réellement, par leur disposition réciproque, l'ordre dont il s'agit, quoique les lignes de séparation que je tracerai pour circonscrire ces classes ne soient nullement dans la nature.

Jusqu'à présent j'ai divisé les *animaux sans vertèbres* en huit classes qui sont très-distinctes ; mais j'entrevois, par la considération de quelques animaux singuliers qui ne peuvent être convenablement placés dans aucune de ces divisions, qu'il en faudra ajouter une neuvième.

Quoique pour faciliter l'étude, les caractères de ces classes soient en général empruntés des formes extérieures des animaux qui s'y rapportent, néanmoins je les ai toutes assujetties à la considération de l'organisation des animaux qu'elles comprennent, et particulièrement à celle des trois sortes d'organes les plus essentiels à la vie des animaux, savoir :

1°. Des organes de la respiration ;

2°. De ceux qui servent à la circulation des fluides ;

3°. Enfin, de ceux qui constituent le sentiment.

Ces considérations vraiment essentielles, rapprochent les uns des autres les animaux qui ont de véritables rapports, et écartent nécessairement ceux qui n'en ont pas. Elles établissent d'ailleurs la progression la plus exacte dans la diminution de la composition de l'organisation, diminution évidemment croissante d'une extrémité à l'autre de la série des animaux à vertèbres et sans vertèbres ; en sorte que dans les animaux de la dernière classe, les organes de la respiration, ceux de la circulation, enfin ceux du sentiment ne sont plus perceptibles, et n'existent réellement plus : on peut même dire que dans les animaux du dernier ordre de cette classe, il n'y a plus d'organe spécial et isolé pour aucune fonction quelconque.

CLASSIFICATION DES ANIMAUX SANS VERTÈBRES.

1. Animaux ayant des branchies, un système de circulation, des nerfs et des organes sexuels.	.......1. les Mollusques. ....2. les Cirrhipèdes. ....3. les Annelides. ....4. les Crustacés.
2. Animaux ayant des trachées aérifères, soit bornées, soit générales, des stigmates pour l'entrée de l'air, des nerfs et des organes sexuels.	.......5. les Arachnides. ....6. les Insectes.
3. Animaux respirant par des pores ou des trachées aquifères. Plus de nerfs, plus d'organes sexuels.	.......7. les Vers. ....8. les Radiaires.
4. Animaux n'ayant aucun organe spécial autre que l'ébauche d'un organe de digestion.	.......9. les Polypes.

A ces neuf classes, qui sont fondées dans leur distribution sur quatre considérations importantes et relatives au perfectionnement de l'organisation, ajoutez les quatre premières classes qui embrassent les animaux vertébrés ; c'est-à-dire, les *mammaux*, les *oiseaux*, les *reptiles* et les *poissons*, vous aurez pour la division de tout le règne animal, treize classes distinctes, bien tranchées jusqu'à présent, et toutes disposées d'après leurs véritables rapports. Ces classes sont d'ailleurs présentées dans un ordre relatif à la simplification progressivement croissante de l'organisation des animaux qu'elles embrassent.

La classification que je viens d'indiquer me paroît celle qu'on doit indispensablement établir parmi les animaux sans vertèbres ; car on ne peut pas, sans un inconvénient grave, déplacer aucune de ces classes ; on intervertiroit évidemment l'ordre des rapports que la nature elle-même a formés. Or cet ordre est clairement indiqué par l'état de l'organisation des animaux qui composent les neuf classes dont il est question.

Tous les animaux sans vertèbres qui ont une tête, des yeux et des pattes articulées, et avec lesquels Linné composoit son énorme classe des *insectes*, quoique devant être partagés en plusieurs classes, à cause des différences de leur organisation, ne peuvent être écartés les uns des autres par l'intercallation entr'eux d'une série d'animaux ayant un autre ordre de caractères. Ainsi, il est très-inconvenable d'interposer une classe dite *des vers*, entre les crustacés et les insectes, comme on le voit dans le nouvel ouvrage intitulé *Zoologie analytique*, page 3.

Tant que les rapports de tous les ordres seront justement appréciés, jamais on n'adoptera une pareille distribution.

Jamais encore on ne placera dans la même classe nos *vers* proprement dits (les *vers intestins*) avec les *radiaires*, et encore moins avec les polypes; car il n'y a ni rapport prochain, ni caractère classique, entre un *tœnia* ou entre une *ascaride* et un *oursin*, une *étoile de mer*, une *méduse*; et il y en a moins encore entre les deux genres de vers en question, et l'animal d'un *madrépore* ou d'une *gorgone*.

Dans la série des *animaux sans vertèbres* que jusqu'à présent j'ai partagés en huit classes, et que maintenant je me trouve forcé de diviser en neuf coupes, quoique l'une de ces classes (les *cirrhipèdes*) soit encore très-imparfaite et même douteuse, on remarque que ces neuf coupes ou classes sont comprises dans quatre considérations qui distinguent cette série, et qui sont fondées sur l'organisation des animaux qu'elles embrassent. Elles forment quatre divisions qui confirment la conservation des rapports naturels entre les animaux de ces neuf classes. Voici l'énoncé et les plus simples développemens de ces quatre divisions.

PREMIÈRE DIVISION.

Animaux sans vertèbres respirant par des branchies. Ils ont un système de circulation, des nerfs, et des organes sexuels.

Les branchies supposent nécessairement l'existence de vaisseaux artériels et de vaisseaux veineux. Car dans toute organisation animale où il y a un système complet de circulation, c'est-à-dire où il existe pour le mouvement du fluide essentiel, des vaisseaux artériels et des vaisseaux veineux, la respiration s'exécute soit par des poumons, soit par des branchies, et jamais par d'autres voies.

Ainsi, les animaux sans vertèbres qui respirent par des branchies, ont nécessairement des artères et des veines pour la circulation et sont dépourvus de stigmates et de trachées. Tous ont des nerfs, et beaucoup d'entr'eux offrent encore une espèce de cerveau.

Cette division embrasse les quatre premières classes des animaux sans vertèbres : savoir, les *mollusques*, les *cirrhipèdes*, les *annelides*, et les *crustacés*. Ces classes qui comprennent des animaux respirant par des branchies et ayant des artères et des veines, doivent donc venir immédiatement après les animaux vertébrés qui tous ont aussi des vaisseaux artériels et des vaisseaux veineux.

SECONDE DIVISION.

Animaux sans vertèbres ayant des trachées aërifères, soit bornées, soit générales pour la respiration ; des stigmates pour l'entrée de l'air ; des nerfs et des organes sexuels.

Dans toute organisation animale où la respiration ne s'exécute ni par des poumons ni par des branchies, il n'y a plus de véritable système de circulation, c'est-à-dire il n'y a plus, à l'aide d'artères et de veines, de cours continuel du principal des fluides, partant d'un centre quelconque, et se dirigeant vers toutes les parties du corps, d'où il revient au même centre, recevant dans son cours l'influence d'une respiration.

Quoique dans la première des deux classes de cette division (les *arachnides*) l'on apperçoive l'ébauche d'une espèce de circulation, l'ordre de choses dont je viens de parler n'y est pas encore démontré par l'observation et sans doute n'y existe pas dans son entier ; ce que prouve l'entrée de l'air par des *stigmates* distincts, c'est-à-dire par des orifices de trachées aërifères qui sont ici raccourcies et très-bornées, parce que la nature se prépare à changer ce mode de respiration.

Dans la seconde des deux classes de cette division (les *insectes*), on ne voit pas même l'ébauche d'une circulation ; il n'y a ni artères ni veines, et les trachées aërifères s'étendant par-tout, vont porter l'influence de l'air sur les fluides nourriciers dans toutes les parties qui en recoivent.

Les animaux de cette division ont une moelle longitudinale et des nerfs. L'extrémité antérieure de leur corps présente une tête plus ou moins libre, et munie d'yeux qui paroissent fort imparfaits. Tous ont des pattes articulées ; enfin dans tous on distingue encore des organes sexuels.

Ainsi, cette division comprend la 5ᵉ et la 6ᵉ classe des animaux sans vertèbres, c'est-à-dire les *arachnides* et les *insectes*.

TROISIÈME DIVISION.

Animaux sans vertèbres respirant par des pores ou des trachées aquifères. Plus d'organes sexuels distincts, mais un organe reproductif dans la plupart.

Ici non-seulement il n'y a point de vaisseaux pour la circulation, puisque la respiration ne s'opère ni par des poumons ni par des branchies, mais l'air à nu ou en masse n'est plus introduit dans l'intérieur pour y porter son influence, comme cela a lieu soit dans les poumons, soit dans les trachées aërifères. L'eau seule est introduite dans l'intérieur de l'animal par d'autres voies que par le canal alimentaire, et de cette eau la portion d'air qui y est contenue, ou son oxigène, si cette eau se décompose, s'en sépare pour la respiration de l'animal.

Tous les animaux de cette division sont dépourvus de véritable tête, d'yeux, et de pattes. Leur organisation offre dans la plupart un ou plusieurs amas de corps reproductifs, oviformes, qui ne paroissent pas exiger de fécondation, et qui servent à les régénérer. Ainsi, il y a lieu de croire qu'ici se termine l'existence et des nerfs et des organes sexuels, ces deux sortes d'organes ne se trouvant nulle part l'une sans l'autre.

Cette division comprend la 7ᵉ et la 8ᵉ classe des animaux sans vertèbres, c'est-à-dire les *vers* et les *radiaires*.

QUATRIÈME DIVISION.

Animaux sans vertèbres n'ayant aucun organe spécial quelconque autre que l'ébauche d'un organe de digestion.

Ici, l'organisation est réduite à un tel appauvrissement d'organes, qu'à l'exception de celui qui sert à leur nutrition, et même qui n'y est pas général, tous les autres organes spéciaux n'existent plus.

Ainsi dans les animaux de cette division, on ne trouve aucun organe spécial,

Soit pour la respiration,

Soit pour le sentiment,

Soit pour le mouvement des fluides,

Soit pour la génération,

&c.

Et parmi ceux de ces animaux qui sont les moins imparfaits ou les moins simples, il n'y a réellement que l'ébauche d'un canal alimentaire qui n'a encore qu'une seule issue, laquelle sert de bouche et d'anus.

Qu'on ne dise pas que les différens organes que je viens de citer comme n'existant plus, s'y trouvent encore, mais qu'ils sont réduits à une petitesse qui ne permet plus de les distinguer. Cette supposition née de l'idée de faire toujours employer les mêmes moyens à la nature, est sans fondement; car la consistance extrêmement foible des parties de ces corps gélatineux rend impossible l'existence de pareils organes.

Pour que des organes quelconques aient la puissance de réagir sur des fluides et d'exercer les fonctions qui leur sont propres, il faut que leurs parties aient la consistance et la ténacité qui peuvent leur en donner la force.

Le premier besoin qu'a éprouvé la nature en formant immédiatement les plus simples animaux, a été sans doute de les nourrir pour conserver aux individus la vie qu'elle venoit de leur donner. Or, le premier organe qu'il lui a fallu créer, lorsque la très-foible consistance de ces corps gélatineux a pu le permettre, a donc dû être un organe de digestion, un canal alimentaire quelconque, qu'elle n'a d'abord formé que très-imparfaitement, puisque dans les animaux de cette division qui le possèdent, ce canal n'est qu'un sac à une seule ouverture.

Cette 4e division comprend la 9e et dernière classe des animaux sans vertèbres, c'est-à-dire les *polypes*.

Voulant donc fixer vos idées sur ce sujet intéressant, je vais rapidement vous exposer le *caractère* des neuf classes qui partagent les animaux sans vertèbres ; ensuite je ferai successivement pour chacune d'elles l'exposition des principes qui doivent guider dans leur étude, et la démonstration des principaux genres qui s'y rapportent.

PREMIÈRE DIVISION

1°. Les MOLLUSQUES (classe 5e du règne animal).

Ovipares à corps mollasse, non articulé ni annelé dans aucune de ses parties, et ayant un manteau de forme variable.

LES *mollusques*, quoique d'un degré plus bas que les poissons, puisqu'ils n'ont plus de colonne vertébrale, sont néanmoins les mieux organisés des animaux sans vertèbres. Ils respirent par des branchies comme les poissons, et ont tous un cerveau et des nerfs, un ou plusieurs cœurs musculaires, et un système complet pour la circulation. Les uns ont une tête bien distincte, et les autres en sont dépourvus. La plupart sont enveloppés d'une coquille testacée, d'une seule ou de plusieurs pièces.

2°. Les CIRRHIPÈDES (classe 6e du règne animal).

Ovipares à corps mollasse, sans tête distincte, ayant auprès de la bouche des bras alongés, ciliés, articulés, qui se courbent ou se roulent en spirale.

Ils sont enveloppés dans une coquille calcaire, adhérente soit immédiatement soit par un tube tendineux.

Les *cirrhipèdes* ont été jusqu'à présent placés parmi les mollusques; mais quoique certains d'entr'eux s'en rapprochent beaucoup par quelques rapports, ils ont un caractère particulier qui force de les en séparer. En effet dans les genres les mieux connus, les bras de ces animaux sont distinctement articulés et même crustacés. Leur corps est pourvu d'un manteau qui tapisse l'intérieur de la coquille, et qui dans certains pénètre dans les vides ou les interstices de son épaisseur.

3°. Les Annelides (classe 7e du règne animal).

Ovipares à corps mollasse, alongé, annelé, nu ou ayant des soies ou des épines latérales, et ne subissant point de métamorphose.

Les *annelides* ressemblent tellement à des vers que tous les naturalistes les avoient confondues avec eux; mais M. *Cuvier* fit connoître leur véritable organisation, et l'on sait maintenant que ces animaux ont des artères et des veines, et qu'ils doivent être placés nécessairement avant les insectes et après les mollusques.

Une sanie blanchâtre circule dans leurs vaisseaux; néanmoins dans un petit nombre d'annelides, cette sanie est colorée en rouge par son mélange avec un sang rouge étranger et incomplètement changé, dont elles se nourrissent.

Ces animaux respirent par des branchies externes ou cachées dans les pores de leur peau. Ils ont une moelle longitudinale et des nerfs. Les uns vivent à nu soit dans la terre humide ou le limon, soit dans les eaux; les autres habitent dans des tubes soit membraneux ou arénacés, soit solides et calcaires. Ils sont en général peu connus.

4°. Les Crustacés (classe 8e du règne animal).

Ovipares, ayant le corps et les membres articulés, la peau crustacée, et ne subissant point de métamorphose.

Les *crustacés* qu'on avoit jusqu'à présent confondus avec les *insectes*, comme font encore quelques auteurs, doivent être rangés immédiatement après les *annelides*, et occuper le huitième rang dans la série des animaux. La considération de l'organisation l'exige : il n'y a point d'arbitraire à cet égard.

En effet, les crustacés ont un cœur, des artères et des veines, et ils respirent tous par des branchies. Cela est incontestable et embarrassera toujours ceux qui s'obstinent à les ranger parmi les insectes, par la raison qu'ils ont des membres articulés.

Les crustacés ont plus de rapports avec les arachnides qu'avec les *insectes;* mais outre que leur organisation les en distingue, le défaut de stigmates et de trachées aëriennes dans les *crustacés* ne permet pas de les confondre avec les *arachnides*, quels que soient d'ailleurs les rapports de leur forme extérieure.

Ici se terminent les organes spéciaux d'un véritable système de *circulation*, qui fait partie de l'organisation des animaux des classes supérieures. Quelle que soit la nature du mouvement des fluides dans les animaux des classes que nous allons parcourir, ce mouvement s'opère par des moyens moins actifs, et va toujours en se ralentissant.

SECONDE DIVISION.

5°. Les Arachnides (classe 9ᵉ du règne animal).

Ovipares, ayant en tout temps des pattes articulées, des yeux à la tête, et ne subissant point de métamorphose. Des stigmates pour la respiration.

Les *arachnides* occupent nécessairement le neuvième rang dans le règne animal : ils ont des rapports nombreux avec les *crustacés ;* aussi tous les naturalistes les en ont rapprochés avec raison. Mais ils présentent le premier exemple d'un organe respiratoire inférieur aux branchies, car ils ne respirent que par des stigmates et des trachées aërifères très bornées. Ces trachées, au lieu de s'étendre par tout le corps, comme celles des insectes, sont circonscrites dans un petit nombre de vésicules, mais ce sont toujours des trachées.

Ainsi, malgré les grands rapports des *arachnides* avec les crustacés, ils en sont essentiellement distingués par leur organe respiratoire, et conséquemment par leurs stigmates qui sont très-apparens.

Les *arachnides* sont beaucoup plus voisins des insectes que des crustacés, puisqu'ils respirent par un organe du même genre ; mais ils en sont encore fortement distingués en ce qu'ils ne subissent jamais de métamorphose, et que dans ceux du premier ordre on commence à appercevoir l'ébauche d'un système de circulation.

D'ailleurs ils engendrent plusieurs fois dans le cours de leur vie, faculté dont les insectes sont dépourvus ; enfin la plupart ont plus de six pattes, ce dont aucun insecte parfait n'offre d'exemple, et M. Pelletier de Saint-Fargeau a découvert que les araignées avoient, comme les crustacés, la faculté de repousser les pattes arrachées ou perdues, faculté qu'on ne connoît encore à aucun insecte.

En voilà plus qu'il en faut pour faire sentir combien sont fautives les distributions dans lesquelles les *arachnides* et les *insectes* sont réunis dans la même classe, parce que leurs auteurs n'ont considéré que les articulations des pattes de ces animaux, et que la peau plus ou moins crustacée qui les recouvre. C'est à-peu-près comme si, ne considérant que les tégumens plus ou moins écailleux des *reptiles* et des *poissons*, on les réunissoit dans la même classe.

6°. Les INSECTES (classe 10ᵉ du règne animal).

Ovipares subissant des métamorphoses, et ayant, dans l'état parfait, six pattes articulées, des antennes et des yeux à la tête, des stigmates et des trachées pour la respiration.

APRÈS les arachnides, viennent nécessairement les *insectes*, c'est-à-dire cette immense série d'animaux imparfaits, qui n'ont ni artères, ni veines pour le mouvement de leurs fluides, qui naissent dans un état moins parfait que celui dans lequel ils se régénèrent, et qui conséquemment subissent des métamorphoses.

Parvenus dans leur état parfait, tous les insectes, sans exception, ont six pattes articulées, des antennes et des yeux à la tête, des stigmates et des trachées pour la respiration.

Les *insectes* occupent nécessairement le dixième rang dans le règne animal ; car ils sont inférieurs ou moins perfectionnés dans leur organisation que les arachnides, puisqu'ils ne naissent point comme ces derniers dans leur état parfait, et que presque tous n'engendrent qu'une seule fois dans le cours de leur vie.

En examinant l'organisation des *insectes*, on voit que chez eux l'organe du sentiment est constitué par une moelle longitudinale noueuse et des nerfs. Ce cordon médullaire, muni dans toute sa longueur de nœuds ou de ganglions qu'on a considérés comme autant de cerveaux distincts, au lieu de s'étendre le long du dos de l'animal, comme la *moelle épinière* des animaux à vertèbres, se dirige en bas et se prolonge sous les viscères.

C'est particulièrement dans les *insectes* que l'on commence à remarquer que les organes essentiels à l'entretien de leur vie sont répandus presqu'également, et la plupart situés dans toute l'étendue de leur corps, au lieu d'être isolés dans des lieux particuliers, comme cela a lieu dans les animaux les plus parfaits. Cette considération perd graduellement ses exceptions, et devient de plus en plus frappante dans les animaux des classes postérieures.

Il paroît que les insectes sont les derniers animaux qui offrent une génération sexuelle, et qui soient vraiment *ovipares*.

Enfin, outre toutes ces considérations, nous verrons que les insectes sont infiniment curieux par les particularités relatives à leurs métamorphoses, à leurs habitudes et à leurs diverses sortes d'industrie.

Anéantissement de la fécondation sexuelle.

Ici disparoissent totalement les traces de la fécondation sexuelle ; et en effet, dans les animaux qui vont être cités, il n'est plus possible de découvrir le moindre indice d'une véritable fécondation, ni par conséquent aucun organe véritablement sexuel. Néanmoins nous allons encore retrouver dans les animaux des deux classes qui suivent, des espèces d'*ovaires* abondans en corpuscules oviformes. Mais je regarde ces espèces d'œufs, qui peuvent produire sans fécondation préalable, comme des *gemmules internes ;* en un mot, comme constituant une génération *gemmipare interne*, faisant le passage à la génération sexuelle dite *ovipare*. Leur mode de génération les constitue pour moi des gemmipares internes.

Anéantissement de l'organe de la vue.

Ici disparoissent encore toutes les traces do l'*organe de la vue*, qui est si utile aux animaux les plus parfaits. Cet organe, qui a commencé à manquer dans une partie des mollusques et des annelides, se retrouve ensuite dans les crustacés, les arachnides et les insectes, quoique dans un état fort imparfait, et où il est d'un usage très-borné ; mais après eux, cet organe se trouve tout-à-fait anéanti.

On peut même regarder que cette partie du corps d'un grand nombre d'animaux qu'on nomme *leur tête*, n'a plus ici d'existence ; car le renflement de l'extrémité antérieure du corps de quelques vers n'étant le siége ni d'un cerveau, ni de l'organe de l'ouïe, ni de celui de la vue, puisque tous ces organes manquent dans les animaux des classes qui suivent, le renflement dont il est question ne peut être considéré comme une tête.

TROISIÈME DIVISION.

7°. Les Vers (classe 11e du règne animal).

Gemmipares internes, à corps mou, plus ou moins alongé, régénératif, ne subissant point de métamorphose, et n'ayant jamais d'yeux ni de pattes articulées.

Les *vers* doivent suivre immédiatement les *insectes*, venir avant les *radiaires*, et occuper le onzième rang dans le règne animal. C'est parmi eux qu'on voit commencer la tendance de la nature à établir le *système des articulations*, système qu'elle a ensuite exécuté complètement dans les insectes, les arachnides et les crustacés. Mais l'organisation des *vers* moins parfaite que celle des insectes, puisqu'ils n'ont plus de nerfs, plus d'yeux et plus de pattes réelles, force de les placer après eux ; et le nouveau mode de forme que commence en eux la nature pour établir le système des articulations, et s'éloigner de la disposition rayonnante des parties, prouve qu'on doit les placer avant les *radiaires*.

Comme les insectes, plusieurs *vers* paroissent encore respirer par des trachées dont les ouvertures à l'extérieur sont des espèces de stigmates; mais il y a lieu de croire que ces trachées, bornées ou imparfaites, sont *aquifères* et non aërifères comme celles des insectes, parceque ces animaux ne vivent jamais à l'air libre, et qu'ils sont sans cesse soit plongés dans l'eau, soit baignés dans des fluides qui en contiennent.

Ces animaux conservent toute leur vie la forme qu'ils ont acquise en naissant. Presque tous ne vivent que dans l'intérieur des autres animaux, et ceux-là ne se rencontrent jamais ailleurs (les *vers intestins*); mais on en connoît (les *dragonneaux*) qui ont une autre habitation, et que sans doute leur organisation mieux connue ne permettra pas de placer ailleurs que dans cette classe, dans le voisinage des *filaires*.

Aucun organe de fécondation n'étant perceptible en eux, je présume que la génération sexuelle n'a plus lieu dans ces animaux. Il seroit possible néanmoins qu'elle y soit ébauchée, comme la circulation l'est dans les *arachnides;* mais cela n'est pas encore connu.

Ainsi, ce que l'on apperçoit dans certains d'entr'eux, et que l'on prend pour des *ovaires* (comme dans les *tœnia*), paroît n'être que des amas de corpuscules reproductifs qui n'ont besoin d'aucune fécondation. Ces corpuscules oviformes sont intérieurs comme ceux des *oursins*, &c. au lieu d'être extérieurs comme ceux des *corines*, &c. &c. Les vers sont donc des gemmipares internes.

8°. Les RADIAIRES (classe 12e du règne animal).

Gemmipares internes, à corps régénératif, dépourvu de tête, d'yeux, de pattes articulées, et ayant dans ses parties une disposition à la forme rayonnante. Des trachées tubulaires ou des pores pour aspirer l'eau.

LES *radiaires* occupent le douzième rang dans la série nombreuse des animaux connus, et composent l'avant-dernière classe des animaux sans vertèbres et de tout le règne animal.

Quoique ces animaux fort singuliers soient en général encore peu connus, ce que l'on sait de leur organisation indique évidemment la place que je leur assigne. En effet l'organe spécial du sentiment, dont presque tous les animaux des classes précédentes sont doués, ne se distingue plus chez eux. Il paroît qu'ils n'ont réellement ni moelle longitudinale ni nerfs, et qu'ils ne sont plus que simplement irritables.

Ils ont éminemment dans leurs parties cette disposition rayonnante que la nature a commencé à exécuter dans les *polypes*.

Cependant, les *radiaires* ne forment pas encore le dernier échelon que l'on puisse assigner dans le règne animal. Il faut descendre encore nécessairement, et distinguer ces animaux des *polypes* qui constituent véritablement le dernier anneau de cette chaîne intéressante.

Il n'est pas plus possible de confondre les *radiaires* avec les polypes, qu'il ne l'est de ranger les crustacés parmi les insectes, ou les reptiles parmi les poissons.

En effet, dans les *radiaires*, non-seulement on apperçoit encore des organes qui paroissent destinés à la respiration ; mais on observe en outre des organes particuliers pour la reproduction, tels que des *ovaires* de diverses formes. A la vérité rien ne constate, rien même n'indique que les prétendus œufs qui naissent de ces ovaires, reçoivent une fécondation sexuelle ; car on ne trouve dans ces animaux aucun vestige d'organe propre à la fécondation.

Ainsi, je regarde ces prétendus œufs, comme des *gemmules* internes déjà perfectionnées, par une suite des rapports qu'ont les *radiaires* avec les *polypes*, dont les derniers ordres offrent des *gemmules externes* et les premiers des *gemmules internes* pour leur reproduction.

L'organisation des *radiaires* présente un corps animal en général plus large que long, dépourvu de tête et de pattes articulées, régénératif dans toutes ses parties, n'ayant aucun organe spécial pour le mouvement de ses fluides ni pour le sentiment ; mais offrant l'ébauche d'un organe respiratoire et d'un organe particulier pour sa reproduction.

Il n'est donc pas convenable de confondre ces animaux avec les polypes, en qui aucun organe spécial soit pour la respiration soit pour la génération n'est perceptible.

Dans les *radiaires*, les sens de l'ouïe, de l'odorat et du goût ne peuvent être censés exister que par hypothèse et sans la moindre vraisemblance ; car, là où il n'y a point d'organe pour une fonction, cette fonction n'a plus lieu.

QUATRIÈME DIVISION.

9°. Les Polypes (classe 13e et dernière du règne animal).

Gemmipares et fissipares, à corps presque généralement gélatineux, régénératif dans ses parties, et n'ayant aucun autre organe spécial qu'un canal intestinal à une seule ouverture.

Reproduction par gemmes ou bourgeons, soit internes, soit externes, ou par une scission du corps.

Les *polypes* enfin composent la dernière classe des animaux sans vertèbres et de tout le règne animal, et ils présentent le dernier des échelons qui ait pu être remarqué dans la série des animaux, c'est-à-dire le treizième et dernier rang parmi eux.

On peut dire que ces animaux sont à tous égards, les plus imparfaits de tous ceux qui existent; car, ce sont ceux qui ont l'organisation la plus simple et par conséquent le moins de facultés. On ne retrouve en eux ni cerveau ni moelle longitudinale, ni nerfs, ni organes particuliers pour la respiration (1), ni vaisseaux destinés à la circulation des fluides. Tous leurs viscères se réduisent à un simple canal alimentaire, rarement replié sur lui-même, et qui, comme un sac plus ou moins alongé, n'a qu'une seule ouverture servant à la fois de bouche et d'anus. Encore les animalcules qui forment le dernier ordre de cette classe, n'offrent pas même des traces de cet organe spécial de la digestion.

(1) Qu'on ne dise pas que dans les animaux dont il s'agit, et où l'on ne trouve aucun vestige de nerf, d'organe respiratoire, &c. ces organes, infiniment réduits, existent néanmoins; mais qu'ils sont répandus dans toutes les parties du corps de l'animal, au lieu d'être rassemblés dans des lieux particuliers. Ce seroit une supposition sans base et sans vraisemblance : or, avec une pareille supposition on pourroit dire que la *monade* a dans tous les points de son corps, tous les organes de l'animal le plus parfait, et par conséquent que chaque point du corps de cet animalcule non-seulement voit, entend, &c. mais qu'il a des idées, des pensées, qu'il forme des jugemens, en un mot qu'il raisonne.

De même qu'on ne dise pas que ces animaux ont au moins le sens du toucher : le vrai est qu'ils ont leurs parties fort irritables ; mais le sentiment du toucher dépendant essentiellement de l'existence des nerfs, ils ne peuvent l'avoir, ni aucun autre sentiment,

Aucun *polype* ne peut être réellement *ovipare;* car aucun n'a d'organe particulier pour la génération. Or, pour produire de véritables œufs, il faut non-seulement que l'animal ait un *ovaire*, mais il faut en outre qu'il ait, ou qu'un autre individu de son espèce ait un organe particulier pour la fécondation, et personne ne sauroit démontrer que les *polypes* soient munis de semblables organes. Au lieu que l'on connoît très bien les bourgeons que plusieurs d'entr'eux produisent pour se multiplier; et en y donnant un peu d'attention, l'on s'apperçoit que ces bourgeons ne sont eux-mêmes que des scissions plus isolées du corps de l'animal; scissions moins simples que celles que la nature emploie pour multiplier les animalcules du dernier ordre des *polypes* et qui ont été très-bien observées.

C'est parmi les *polypes* que se trouve le terme inconnu de l'échelle animale, en un mot les premières ébauches de l'animalisation.

En effet, les animalcules qui terminent le dernier ordre des *polypes* ne sont plus que des points animalisés, que des corpuscules gélatineux, transparens, d'une forme très-simple, et contractiles dans tous les sens.

Telles sont les *généralités* relatives aux animaux sans vertèbres, et les considérations qui déterminent leur distribution générale, ainsi que les divisions et la coordination des classes que nous établissons parmi ces animaux.

En examinant la dégradation successive et croissante de leur organisation, depuis les *mollusques* jusqu'aux *polypes*, la première conséquence qui résulte de ce que nous avons observé, est que la définition donnée jusqu'à présent des *animaux* pour les distinguer des *végétaux*, est tout à fait inconvenable; car il n'est pas généralement vrai que les animaux soient des êtres *sensibles*, doués d'une *volonté* et par conséquent de la faculté de se mouvoir volontairement.

Voici les définitions que je propose pour distinguer les êtres qui composent l'un et l'autre règne des corps vivans.

Les *animaux* sont des corps organisés vivans, digérans, irritables dans toutes leurs parties ou dans certaines d'entr'elles, et se mouvant les uns par les suites d'une volonté active, et les autres par celles de leur irritabilité excitée.

Les *végétaux* sont des corps organisés vivans, ne digérant point, jamais irritables dans leurs parties, et ne se mouvant ni par volonté ni par irritabilité excitée.

Les mouvemens qu'on observe dans les *végétaux* ou dans certaines de leurs parties, sont tantôt des effets hygrométriques ou pyrométriques, et tantôt proviennent de détentes élastiques qui ne s'effectuent qu'une fois, ou de gonflemens et d'affaissemens de parties, par des cumulations locales et des dissipations plus ou moins promptes de fluides invisibles.

FIN DU DISCOURS ET DES GÉNÉRALITÉS.

TABLE

LILLE, IMP. L. DANEL.

www.ingramcontent.com/pod-product-compliance
Ingram Content Group UK Ltd
Pitfield, Milton Keynes, MK11 3LW, UK
UKHW020332230726
13925UKWH00002B/748

9 782013 598026